计算机应用基础实训指导

刘芳　刘文红　主编

WUHAN UNIVERSITY PRESS
武汉大学出版社

图书在版编目(CIP)数据

计算机应用基础实训指导/刘芳,刘文红主编.—武汉:武汉大学出版社,
2015.9(2016.1 重印)
ISBN 978-7-307-16550-2

Ⅰ.计… Ⅱ.①刘… ②刘… Ⅲ.电子计算机—高等学校—教学参考
资料 Ⅳ.TP3

中国版本图书馆 CIP 数据核字(2015)第 196630 号

责任编辑:张　璇   责任校对:汪欣怡   整体设计:马　佳

出版发行:**武汉大学出版社**　(430072　武昌　珞珈山)
　　　　(电子邮件:cbs22@ whu. edu. cn 网址:www. wdp. com. cn)
印刷:武汉中科兴业印务有限公司
开本:787×1092　1/16　印张:11.25　　字数:259 千字　插页:1
版次:2015 年 9 月第 1 版　　2016 年 1 月第 2 次印刷
ISBN 978-7-307-16550-2　　定价:23.00 元

主　编：刘　芳　刘文红

副主编：葛　莉　刘　佳　邵　敏　田雪琴

　　　　段　杰　秦　芳　李桂芹

前　言

　　计算机应用基础是一门实践性很强的公共基础课，学习这门课的最终目的是能使用计算机解决实际的问题，因此其中计算机应用基础的实训部分就显得异常重要。

　　本书包括计算机基础知识、Win7 操作系统、Word2010、Excel2010、PowerPoint2010、Internet 应用六个部分，每个部分都包括项目目标、知识及技能要点、若干基于工作过程的实训任务等。另外，本书还附带了 50 套全国计算机等级考试一级 MS Office 的选择题，帮助学生有针对性地应对全国计算机等级考试。本书体系结构合理，图文并茂，使学生十分容易入门，并能解决实际问题。

　　本书的特点是基于工作过程，采用任务驱动模式编写。每个任务都以学习和实际工作岗位的典型案例为教学内容，在真实的工作情境中构建完整的教学环节，真正做到将讲解知识、训练技能和提高能力三者有机结合。

　　本书共有 6 章，第一章为计算机基础知识实训，由邵敏编写；第二章为 Win7 操作系统，由田雪琴编写；第三章为网络应用实训，由段杰编写；第四章为 Word2010 应用，由葛莉编写；第五章为 Excel 2010 应用，由刘文红编写；第六章为 PowerPoint2010 应用，由刘芳编写。附录为 50 套全国计算机等级考试一级 MS Office 的选择题部分。

　　由于编写时间仓促，难免有疏漏和不足之处，敬请专家及同行批评指正。

编　者

目 录

项目 1 　认识计算机系统 ··· 1
　　实训任务 1.1　计算机的启动和键盘指法练习 ·· 2
　　实训任务 1.2　汉字输入操作 ··· 8

项目 2 　计算机操作系统——Windows 7 ·· 16
　　实训任务 2.1　定制个性化 Windows 7 操作环境 ··· 17
　　实训任务 2.2　管理计算机中资源 ·· 19
　　实训任务 2.3　制定大学生职业生涯规划书 ·· 22
　　实训任务 2.4　呵护我的计算机 ··· 24

项目 3 　计算机互联网应用 ··· 26
　　实训任务 3.1　下载软件并安装 ··· 28
　　实训任务 3.2　网络资源搜索 ·· 28
　　实训任务 3.3　使用电子邮箱 ·· 29
　　实训任务 3.4　在 Outlook 2010 中添加新用户 ··· 29
　　实训任务 3.5　微博发布 ··· 30

项目 4 　Word2010 文字处理应用 ·· 31
　　实训任务 4.1　制作某公司某种产品发布会通知 ··· 33
　　实训任务 4.2　制作产品宣传海报 ·· 35
　　实训任务 4.3　制作产品营销分析表 ··· 36
　　实训任务 4.4　制作产品发布会邀请函 ·· 38
　　实训任务 4.5　制作产品策划书 ··· 40

项目 5 　Excel 2010 电子表格应用 ··· 42
　　实训任务 5.1　计算机书籍销售情况表 ·· 43
　　实训任务 5.2　职工工资表的制定 ·· 55
　　实训任务 5.3　预算财政支出表 ··· 60

项目6 PowerPoint 2010 演示文稿应用 ……………………………………………… **67**

实训任务 6.1 制作"年终总结"演示文稿 ……………………………………… 68

实训任务 6.2 优化"年终总结" ……………………………………………… 71

全国计算机等级考试一级 MS Office 模拟选择题 ………………………………………… **73**

项目1　认识计算机系统

项目目标

该项目实训包括两个实训任务:

1. 计算机的启动和键盘指法练习。

2. 汉字输入操作。

该项目内容主要是计算机基础知识,它所涉及的工作任务是使用计算机工作最基本的操作内容。通过本项目的实训,可以使学生了解计算机系统及常用设备,并对微型个人计算机的组装方法有一个最基本的了解和掌握。熟悉键盘、鼠标的正确使用和汉字的输入方法,为以后的学习奠定初步的基础。

☞ **知识目标**

1. 了解计算机的主要应用领域、系统组成和工作原理、发展趋势。

2. 理解数据的概念,熟练掌握数据之间的相互转换;了解数据存储的基本单位和字符的编码等。

3. 掌握微型计算机系统组成和性能指标。

4. 掌握键盘基本操作和搜狗汉字输入法的使用。

5. 了解计算机病毒、预防病毒、判断病毒和预防病毒的基本措施。

☞ **技能目标**

1. 掌握开机/关机的操作方法。

2. 键盘操作方法。

3. 掌握鼠标的操作方法。

4. 快速掌握搜狗汉字输入法。

知识及技能要点

☞ **基本知识**

1. 计算机系统的组成。

2. 微型计算机的常用设备。

3. 计算机病毒的定义、特征及防治。

4. 键盘的结构及正确的打字姿势。

☞ **基本技能**

1. 掌握计算机系统的组成。
2. 掌握微型计算机系统的硬件组成与配置。
3. 掌握开机/关机的操作方法。
4. 掌握杀毒软件的安装、使用方法。
5. 学会键盘的基本使用方法。

实训任务 1.1　计算机的启动和键盘指法练习

实训目的

1. 掌握开机/关机的操作方法。
2. 学会键盘的基本使用方法。
3. 熟练键盘结构，学习正确的击键方法。

实训内容与要求

1. 正确启动及退出 Windows 7 操作系统。
2. 鼠标、键盘的功能和使用。
3. 选择一种软件如"金山打字通"进行指法练习。

实训步骤与指导

1. 启动和关闭计算机

在确保电脑的各个设备都接通电源后，我们就可以执行开机操作了，也就是电脑启动。电源接头的方向应与机箱一致，注意检查是否插紧。

计算机启动顺序：先外设后主机。

①按下显示器电源按钮。如图 1-1 所示。

图 1-1　电脑显示器

②按下主机电源按钮。

待显示器电源接通后，再将主机电源按钮按下。如图 1-2 所示。

按下开关按钮

图 1-2　电脑主机

③登录系统。

按下主机按钮后，电脑会自动初始化，然后启动系统。系统启动完毕后自动进入系统，如果设定了密码，则需在输入正确密码后才能进入系统。如图 1-3 所示。

图 1-3　Windows 7 系统界面

④关闭电脑。

当我们不再使用电脑时，需要关闭电脑。在关闭电脑前，要确保关闭所有应用程序，这样可以避免一些数据的丢失。

首先单击"开始"按钮，然后在弹出的开始菜单中点击"关机"。如图 1-4 所示。

图 1-4　开始菜单

⑤重新启动和注销电脑。

单击"开始"按钮，然后在弹出的开始菜单中点击"关机"右侧的级联按钮。然后选择"重新启动"或"注销"按钮即可。如图 1-5 所示。

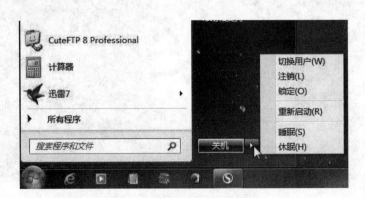

图 1-5　注销或重新启动电脑

2. 认识键盘

键盘是计算机一个必不可少的输入工具。利用键盘不但可以输入文字，还可以进行窗口菜单的各项操作。因此，掌握计算机键盘的操作是非常必要的。在熟识键盘的操作之前，首先要熟识键盘的结构和常用功能键。如图 1-6 所示。

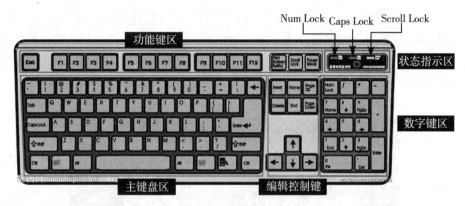

图 1-6　键盘结构

- 功能键区：不同的操作系统或软件具有不同的功能。其中，

  【Esc】键常用于取消已执行的命令或取消输入的字符，在部分应用程序中具有退出的功能；

  【F1】~【F12】键的作用在不同的软件中有所不同，按【F1】键常用于获取软件的使用帮助信息。
- 主键盘区：主键盘区包括字母键、数字键、常用的标点符号、控制键和 Windows 功能键等，是打字的主要区域。
- 编辑控制键区：主要用于在输入文字时控制插入光标控制、文本编辑功能。
- 辅助键区（或称数字小键盘）：

  功能 1：【Num Lock】灯亮时——快速输入数字；

  功能 2：【Num Lock】灯不亮时——作为编辑键使用。
- 状态指示区：状态指示灯区有 3 个指示灯，主要用于提示键盘的工作状态。其中，

  【Num Lock】灯亮时表示可以使用小键盘区输入数字；

  【Caps Lock】灯亮时表示按字母键时输入的是大写字母；

  【Scroll Lock】灯亮时表示屏幕被锁定。

3. 指法练习

（1）正确的打字姿势

正确的打字姿势有助于准确、快速地将信息输入到计算机而又不容易疲劳。初学者应严格按下面要求进行训练。

①坐姿要端正，上身保持笔直，全身自然放松。

②座位高度适中，手指自然弯曲成弧形，两肘轻贴于身体两侧，与两前臂成直线。

③手腕悬起，手指指肚要轻轻放在字键的正中面上，两手拇指悬空放在空格键上。

④击键要迅速，节奏要均匀，利用手指的弹性轻轻地击打字键。

⑤击打完毕，手指应迅速缩回原键盘规定的键位上。

（2）正确的指法（手指分工）

在主键盘区中间有【A】、【S】、【D】、【F】、【J】、【K】、【L】和【;】8个字符键，这8个键是双手食指、中指、无名指和小指的初始位置，因此，称为基准键。它可以帮助您经由触觉取代眼睛，用来定位您的手或键盘上其他的键，亦即所有的键都能经由基准键来定位如图1-7所示。

图1-7 基准键与初始手型

准备打字时，手指要自然弯曲，两臂轻轻抬起，不要使手掌接触到键盘托架或桌面（会影响输入速度）。大拇指置于空格键上，其余的八个手指分别轻放在基准键上，十指分工，包键到指，分工明确。

每一只手指都有其固定对应的按键：

①左小指：【'】、【1】、【Q】、【A】、【Z】

②左无名指：【2】、【W】、【S】、【X】

③左中指：【3】、【E】、【D】、【C】

④左食指：【4】、【5】、【R】、【T】、【F】、【G】、【V】、【B】

⑤左、右拇指：空白键

⑥右食指：【6】、【7】、【Y】、【U】、【H】、【J】、【N】、【M】

⑦右中指：【8】、【I】、【K】、【,】

⑧右无名指：【9】、【O】、【L】、【.】

⑨右小指：【0】、【-】、【=】、【P】、（【】）、（【】）、【;】、【'】、【/】、【\】

小键盘的基准键位是"4，5，6"，分别由右手的食指、中指和无名指负责。在基准键位基础上，小键盘左侧自上而下的"7，4，1"三键由食指负责；同理中指负责"8，5，2"；无名指负责"9，6，3"和"."；右侧的"-、+、Enter"键由小指负责；大拇指负责"0"。

［Enter］键在键盘的右边，使用右手小指按键。

有些键具有两个字母或符号，如数字键常用来键入数字及其他特殊符号，用右手打特殊符号时，左手小指按住【Shift】键，若以左手打特殊符号，则用右手小指按住【Shift】键。

键盘指法分布如图1-8、图1-9所示：

（3）正确完成26个英文字母的输入。

在写字板中编辑文字时，每输完一行，按一下回车键，可以换到下一行。如输入有

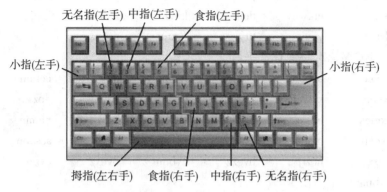

图 1-8　键盘主要输入区的指位分配

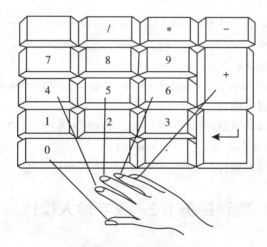

图 1-9　数字专区的指位分配

错，可按退格键来删除。

（4）选择一种文本编辑器如写字板正确完成输入下列内容。

①A、S、D、F、G、H、J、K、L、；键练习

ggfff	asss	kkkaa	llddd	jjjfff	ddhhh;	aaakk	kkkaa
glads	jakh	saggh	hsklg	ghjgf	;; gfdsa	ghjgf	gfdsa
hgkh	lkjh	asdfg	lkjh	gfdsa	hjkl;	hjkl;	lkjh
gfdsa	hjkl;	gfdsa	hjkl;	gfdsa	hjkl;	fgf	hjkl;
fjhjfg	jghf	fghj	fgfg	hjhj	hadfs	fghfj	ghfj

②Q、W、E、R、T、Y、U、I、O、P 键练习

qpqpw	wwwqo	pppww	ppqqp	qqwqq	ppqqp	wqwqp	qqppp
otyqe	wuoqq	ppterw	oybrq	eywqq	pothq	eodqp	efwtw
ppooo	oooiii	iiiuuu	uuyy	yyttt	rrreee	wwqq	ppyy
dedr	kikt	edey	ikiu	diei	deio	iep	diei

qwert	poiuy	qwert	poiuy	qwert	poiuy	ert	pouuy
keiq	iede	eikw	deik	kied	feded	jikij	delielie
aile	drfr	yjyu	tftyy	qquju	edey		

③V、B、N、M、Z、X、C 键练习

zzxxx	xxxccc	ccbbb	bbbnn	nnmm	mm,,,	ccnnn	mmbb
mmvvv	cccnn	xxxnn	zzxxnn	ccc,,,	zzznn	dpzsc	szekjb
fcxeos	sxcies	hksxz	dwxcis	vaxcai	zxcvb	mnmn	zxcvb
mnmn	zxcvb	mnnn	zxcvb	zxsscx	azxzs	scsabn	czczln
mcxn	bczxd	hczrj	bvcxz	cvbnm	bvcxz	cvbn	bvcxz
cvbnm	cvbnm						

④切换到大写状态，然后再输入一遍以上内容。

⑤完成下面短文的输入。

Applying for my first job, I realized I had to be creative in listing my few qualifications. Asked about additional schooling and training, I answered truthfully that I had spent three years in computer programming classes. I got the job.

I had neglected to mention that I took the same course for three years before I passed.

（5）正确完成输入以下内容。

1111 2222 3333 4444 5555 6666 7777 8888 0000 1.62+——2.5 = [/?] { } * * && ………… * *…^%￥$#@！()<>,,..？ * * ‖‖

（6）选择一款指法练习软件，如"金山打字通"进行指法训练。

实训任务 1.2　汉字输入操作

实训目的

1. 熟练掌握中文打字技巧。
2. 正确认识文字录入，选择适合自己的文字录入练习软件进行录入操作。
3. 掌握正确的打字姿势。

实训内容与要求

1. 通过练习，熟练掌握中文打字技巧。
2. 指法及汉字输入练习。
3. 熟练掌握金山打字软件的使用方法。

实训步骤与指导

1. 选择输入法。

单击任务栏右侧语言栏上的按钮，从弹出的菜单中选择需要的输入法。常用的输入法有：全拼输入法、微软拼音输入法、智能 ABC 输入法、搜狗拼音输入法、五笔输入法等。

2. 搜狗输入法使用方法。

我们以用得比较多的输入法——搜狗拼音输入法为例，给大家介绍一下它的使用方法和技巧。

　　搜狗拼音输入法是搜狗(www. sogou. com)推出的一款基于搜索引擎技术的、特别适合网民使用的、新一代的输入法产品。将鼠标移到要输入的地方，单击一下，使系统进入到输入状态，然后按"【Ctrl+Shift】"键切换输入法，至搜狗拼音输入法出来即可。当系统仅有一个输入法或者搜狗拼音输入法为默认的输入法时，按下"【Ctrl+空格】键"即可切换出搜狗拼音输入法。

图 1-10　搜狗输入法状态条

（1）全拼

　　全拼输入是拼音输入法中最基本的输入方式。你只要用【Ctrl+Shift】键切换到搜狗拼音输入法，在输入窗口输入拼音即可输入。然后依次选择你要字或词即可。可以用默认的翻页键是"逗号(,)句号(。)"来进行翻页。

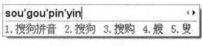

图 1-11　全拼模式

（2）简拼

　　简拼是输入声母或声母的首字母来进行输入的一种方式，有效地利用简拼，可以大大地提高输入的效率。搜狗拼音输入法现在支持的是声母简拼和声母的首字母简拼。例如：想输入"张靓颖"，只要输入"zhly"或者"zly"都可以得到"张靓颖"。

　　同时，搜狗拼音输入法支持简拼、全拼的混合输入，例如：输入"srf""sruf""shrfa"都是可以得到"输入法"的。

　　还有，简拼由于候选词过多，可以采用简拼和全拼混用的模式，这样能够兼顾最少输入字母和输入效率。例如，想输入"指示精神"，输入"zhishijs"、"zsjingshen"、"zsjingsh"、"zsjingsh""zsjings"都是可以的。打字熟练的人会经常使用全拼和简拼混用的方式。

（3）英文的输入

　　输入法默认是按下【Shift】键就切换到英文输入状态，再按一下【Shift】键就会返回中文状态。用鼠标点击状态栏上面的中字图标也可以切换。

　　除了【Shift】键切换以外，搜狗拼音输入法也支持回车输入英文，和 V 模式输入英文。在输入较短的英文时使用能省去切换到英文状态下的麻烦。具体使用方法是：

　　回车输入英文：输入英文，直接敲回车键即可。

（4）双拼

　　双拼是用定义好的单字母代替较长的多字母韵母或声母来进行输入的一种方式。例如：如果 T=t，M=ian，键入两个字母"TM"就会输入拼音"tian"。使用双拼可以减少击键次数，但是需要记忆字母对应的键位，但是熟练之后效率会有一定提高。

如果使用双拼，在设置属性窗口把双拼选上即可。

特殊拼音的双拼输入规则有：

对于单韵母字，需要在前面输入字母 O+韵母。例如：输入 OA→A，输入 OO→O，输入 OE→E。

而在自然码双拼方案中，和自然码输入法的双拼方式一致，对于单韵母字，需要输入双韵母，例如：输入 AA→A，输入 OO→O，输入 EE→E。

（5）模糊音

模糊音是专为对某些音节容易混淆的人设计的。当启用了模糊音后，例如 sh<-->s，输入"si"也可以出来"十"，输入"shi"也可以出来"四"。

搜狗支持的模糊音有：

声母模糊音：s<-->sh，c<-->ch，z<-->zh，l<-->n，f<-->h，r<-->l，

韵母模糊音：an<-->ang，en<-->eng，in<-->ing，ian<-->iang，uan<-->uang。

（6）繁体

在状态栏上面右键菜单里的【简->繁】选中即可进入到繁体中文状态。再点击一下即可返回到简体中文状态。

（7）网址输入

网址输入模式是特别为网络设计的便捷功能，让用户能够在中文输入状态下输入几乎所有的网址。目前的规则是：

输入以 www. http：ftp：telnet：mailto：等开头的字母时，自动识别进入到英文输入状态，后面可以输入例如 www. sogou. com，ftp：//sogou. com 类型的网址。输入非 www. 开头的网址时，可以直接输入例如 abc. abc 就可以了，输入邮箱时，可以输入前缀不含数字的邮箱，例如 leilei@ sogou. com。

（8）v 模式中文数字

v 模式中文数字是一个功能组合，包括多种中文数字的功能。只能在全拼状态下使用：

①中文数字金额大小写：输入【v424.52】，输出【肆佰贰拾肆元伍角贰分】；

②罗马数字：输入 99 以内的数字例如【v12】，输出【XII】；

③年份自动转换：输入【v2008.8.8】或【v2008-8-8】或【v2008/8/8】，输出【2008 年 8 月 8 日】；

④年份快捷输入：输入【v2006n12y25r】，输出【2006 年 12 月 25 日】；

（9）插入当前日期时间

插入当前日期时间的功能可以方便地输入当前的系统日期、时间、星期。输入法内置的插入项有：

①输入【rq】（日期的首字母），输出系统日期【2015 年 4 月 28 日】；

②输入【sj】（时间的首字母），输出系统时间【2015 年 4 月 28 日 19：19：04】；

③输入【xq】（星期的首字母），输出系统星期【2015 年 4 月 28 日星期四】；

自定义短语中的内置时间函数的格式请见自定义短语默认配置中的说明。

3. 利用金山打字通进行汉字录入训练。

打字是一种技能，"熟能生巧"的定律在此一样适用，除了多练习以外，选择一套优良的打字学习软件来使用可以达到事半功倍的效果。我们可以使用"金山打字通"来进行汉字录入的训练。

（1）启动金山打字

鼠标双击桌面上的"金山打字通"图标打开应用程序，启动程序后将看到"用户登录"窗口，输入自己的姓名。如图 1-12 所示。

图 1-12　启动金山打字

（2）系统登录。如图 1-13 所示。

图 1-13　登录金山打字系统

11

（3）打字教程

金山打字提供了丰富的打字教程供初学者学习。如图 1-14 所示。

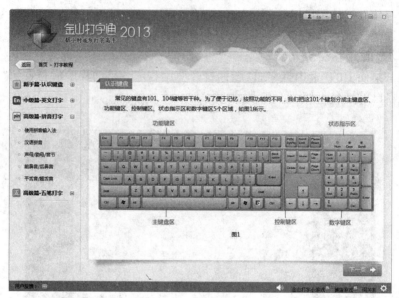

图 1-14　打字教程

（4）打字练习

进入拼音打字界面，本部分包括拼音输入法、音节练习、词组训练、文章练习四个模块，供不同水平的使用者练习。如图 1-15 至图 1-18 所示。

图 1-15　打字练习

图 1-16 音节练习

图 1-17 词组练习

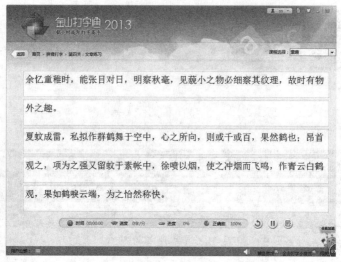

图 1-18　文章练习

（5）打字测试

金山打字提供了打字测试，可以随时测试自己的打字速度。测试过程更科学，可以采用屏幕对照的形式进行测试；可以采用模拟实际情况的书本对照方式；还为专业打字人员提供了同声录入训练的机会。如图 1-19 所示。

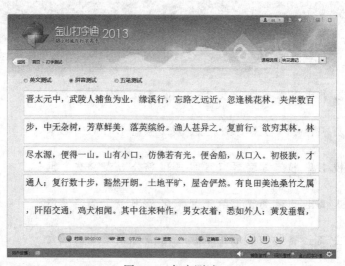

图 1-19　打字测试

（6）打字游戏

金山打字提供了打字游戏模块，可以劳逸结合，丰富练习过程。如图 1-20 所示。

图 1-20　打字游戏

项目 2 计算机操作系统——Windows 7

项 目 目 标

该项目实训包括 4 个实训任务：

1. 定制个性化 Windows 7 操作环境。
2. 管理计算机中资源。
3. 制定大学生职业生涯规划书。
4. 呵护我的计算机。

该项目是计算机应用基础的重要内容之一，通过实训能熟练完成 Windows 7 操作系统的相关工作任务，包括会定制个性化操作环境，会使用 Windows 7 操作系统处理文件和资料，能对计算机系统进行常规的设置、维护和管理等。

☞ 知识目标

1. 能够定制个性化的操作环境。
2. 掌握传统文件管理及库的介绍。
3. 掌握磁盘管理及维护。
4. 控制面板的使用。

☞ 技能目标

1. 能够熟练地设置个性化操作环境。
2. 能熟练使用 Windows 7 系统进行文件管理。
3. 能对系统进行简单的维护与管理。
4. 学会如何移交办公资料。

知识及技能要点

☞ 基本知识

1. 操作系统的概念及操作系统在计算机系统中的作用。
2. 定制个性化操作环境的途径和方法。
3. 任务栏与开始菜单。
4. 窗口的组成与基本操作。
5. 文件、文件夹和库的管理。
6. 磁盘管理和维护。

7. 控制面板与系统维护。

8. 账户管理。

☞ **基本技能**

1. 设置个性化操作环境。

2. 管理文件和文件夹。

3. 管理和维护磁盘。

4. 控制面板与系统维护。

实训任务 2.1 定制个性化 Windows 7 操作环境

实训目的

1. 掌握定制个性化操作环境的途径和方法。

2. 能够熟练地设置个性化 Windows 7 操作环境。

实训内容与要求

按照以下要求设置个性化操作环境：

1. 桌面背景的设置。

2. 屏幕保护程序的设置。

3. 任务栏的位置调整方法以及任务栏的设置。

4. 设置计算机显示文件名时，不隐藏文件的扩展名。

5. 添加桌面小工具。

6. 设置分辨率。

实训步骤与指导

1. 选用主题为"Windows 经典"的预设显示方案。

2. 桌面背景的设置。

(1)在"背景"列表框中选择喜欢的图片；

(2)用"画图"制作一幅自定义图片存放于桌面，命名为"我的画.jpg"，并将其设为桌面背景。

3. 屏幕保护程序的设置。

(1)选择屏幕保护程序"三维文字"，设置为自己的名字；

(2)设置等待时间；

(3)预览观看效果。

4. 任务栏的位置调整方法以及任务栏的设置。

(1)调整任务栏为两倍的宽度；

(2)任务栏自动隐藏，并处于屏幕左边；

(3)锁定任务栏。

5. 设置计算机显示文件名时，不隐藏文件的扩展名。

如图 2-1 所示选择"工具"→"文件夹选项"命令，打开"文件夹选项"对话框。

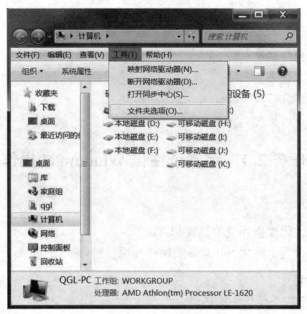

图 2-1　"文件夹选项"对话框

在"查看"选项卡中，取消选中"隐藏已知文件类型的扩展名"复选框。如图 2-2 所示。

图 2-2　"查看"选项卡

6. 添加桌面小工具。

在桌面右击，选择"小工具"按钮。

7. 设置分辨率。在"显示"窗口左侧区域，单击"调整分辨率"。

小技巧

　　同样的设置，还可以通过"控制面板"去实现。依次单击"开始"→"控制面板"→"外观和个性化"。

实训任务 2.2　管理计算机中资源

 实训目的

1. 理解文件和文件夹相关的概念。
2. 能够熟练使用 Windows 7 进行文件管理。

 实训内容与要求

按照图 2-3 所示的文件夹结构，完成下列操作：

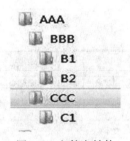

图 2-3　文件夹结构

1. 在 D 盘下建立如图 2-3 所示的文件夹结构；
2. 在"B1"文件夹中新建一个 Word 文档，起名为"作业 . docx"；
3. 将"B1"文件夹中的文件"作业 . docx"复制到"C1"文件夹内；
4. 将"B2"文件夹移动到"C1"文件夹内；
5. 将"B1"文件夹的属性设为只读；
6. 将"C1"文件夹重命名为 LX；
7. 截取当前屏幕，在画图中保存为"我的屏幕 . jpg"，保存位置为桌面；
8. 将桌面上"我的屏幕 . jpg"移动到"LX"文件夹中；
9. 搜索 C 盘中的文件"updata. txt"，复制到"LX"中；
10. 删除"updata. txt"，再从回收站将其还原；
11. 将"updata. txt"更名为"日志 . txt"；
12. 将"日志 . txt"设置为隐藏属性；
13. 通过设置文件夹选项，让"日志 . txt"能够显示出来；
14. 在计算机中搜索"Main. wmv"文件，为这个文件创建一个快捷方式至桌面上，并重命名为"我的视频"。

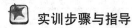 实训步骤与指导

1. 在 D 盘磁盘窗口，在空白处单击鼠标右键，在所列菜单中选择"新建"→"文件夹"，即可建立文件夹，将文件夹名字改为"AAA"，双击进入该文件夹，在文件夹空白处右键，选择"新建"→"文件夹"，将文件夹重命名为"BBB"。重复操作，建立"CCC"文件夹。双击进入"AAA"文件夹，在该文件夹空白处右键，选择"新建"→"文件夹"，将文件夹重命名为"B1"，重复操作，建立"B2"。双击进入"CCC"文件夹，在该文件夹空白处右键，选择"新建"→"文件夹"，将文件夹重命名为"C1"。

2. 双击进入"B1"文件夹，在该文件夹空白处右键，选择"新建"→"Word 文档"，将文件重命名为"作业 . docx"。

3. 选定"作业 . docx"文件，单击鼠标右键，选择"复制"，再找到"C1"文件夹打开，选择"粘贴"。

4. 选定"B2"文件夹，单击鼠标右键，选择"剪切"，再找到"C1"文件夹打开，选择"粘贴"。

5. 选定"B1"文件夹，单击鼠标右键，选择"属性"，出现如图 2-4 所示的对话框，在属性栏中选择"隐藏"。

图 2-4　"属性"对话框

6. 选定"B2"文件夹，单击鼠标右键，选择"重命名"，将文件夹重命名为"LX"。

7. 单击"开始"菜单，选择"附件"→"截图工具"，截取当前屏幕，在画图中选择"另存为"，保存位置为桌面，文件名为"我的屏幕 . jpg"，如图 2-5 所示。

图 2-5 "另存为"对话框

8. 选定"我的屏幕.jpg",单击鼠标右键,选择"剪切",再找到"LX"文件夹打开,选择"粘贴"。

9. 在 C 盘中搜索文件"updata.txt",找到后选定文件"updata.txt",单击鼠标右键,选择"复制",再找到"LX"文件夹打开,选择"粘贴"。

10. 选定文件"updata.txt",单击鼠标右键,选择"删除"。双击"回收站"文件夹进入,选定文件"updata.txt",单击鼠标右键,选择"还原"。

11. 选定文件"updata.txt",单击鼠标右键,选择"重命名",将其重命名为"日志.txt"。

12. 选定"日志.txt"文件,单击鼠标右键,选择"属性",在属性栏中选择"隐藏"。

13. 在 C 盘菜单栏中选择"工具"→"文件夹选项",在"查看"选项卡中,选中"显示隐藏的文件、文件夹和驱动器"单选按钮。如图 2-6 所示。

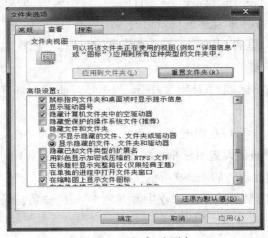

图 2-6 "查看"选项卡

14. 在计算机中搜索"Main. wmv"文件，找到后选定文件"updata. txt"，单击鼠标右键，选择"创建快捷方式"，重命名为"我的视频"，右键此快捷方式选择"剪切"，再回到桌面，选择"粘贴"。

💡 **小技巧**

可以使用"开始"菜单上的搜索框来查找存储在计算机上的文件、文件夹、程序和电子邮件等。

单击"开始"菜单按钮，然后在搜索框中键入字词或字词的一部分，在搜索框中开始键入内容后，将立即显示搜索结果。

实训任务 2.3　制定大学生职业生涯规划书

💾 **实训目的**

1. 熟练掌握中英文打字技巧。
2. 能够创建、保存、编辑文档资料等。

🖥 **实训内容与要求**

1. 启动"写字板"程序，录入大学生职业生涯规划书内容。
2. 将大学生职业生涯规划书中的"枝叶"字替换为"职业"。
3. 设置字体格式。
4. 设置段落格式。
5. 页面设置及文档保存。

⭐ **实训步骤与指导**

1. 依次单击"开始"→"所有程序"→"附件"→"写字板"，即可打开写字板程序窗口，在写字板窗口中录入大学生职业生涯规划书内容，如图 2-7 所示。

2. 单击编辑选项卡里的"替换"，弹出"替换"对话框，依次输入要查找和替换的内容，如图 2-8 所示。

3. 设置字体格式：标题行为华文中宋、19 号、蓝色、居中对齐；正文为楷体、13 号。

4. 设置段落格式：所有行左缩进 0.5cm。

5. 页面设置：打开页面设置对话框，将纸张大小设置为 A4，页面方向设置为横向。排版好的下周个人工作计划，如图 2-9 所示。

6. 保存文档：将文档以"大学生职业生涯规划书. rtf"命名，保存在库"文档"中。如图 2-10 所示。

大学生枝叶生涯规划书
大学生枝叶生涯规划书要点：
一、自我认知

1、个人性格（分析性格中的优点和缺点）

2、兴趣爱好（举例列举具体的兴趣爱好，最好分析专业方面的兴趣爱好）

3、能力分析（如我想在大学期间，自己应该多多参加社会实践活动，在各种活动中提高自己。

另外要扎实自己的专业知识，不管是在学校还是以后工作，都要继续学习，使自己不断的进步，

发扬自己的优点，克服自己的缺点，完善自我。）

4、适合方向

二、枝叶环境认知

1、专业环境

2、就业环境（目前，IT人才仍是我国四大紧缺性人才之一。未来十年，我国电子商务人才、游

戏开发人才、移动通信人才、IC技术人才、信息安全人才严重短缺。）

3、家庭环境

4、社会环境

三、择优选择枝叶目标和路径

1、枝叶目标

2、发展路径

四、制定行动计划和策略

图 2-7　大学生职业生涯规划书

图 2-8　"替换"对话框

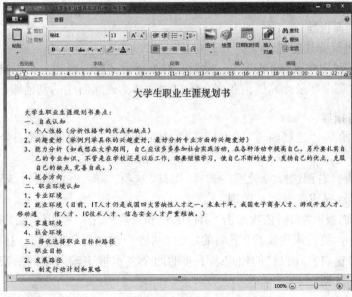

图 2-9　排版好的下周个人工作计划

图 2-10 保存文档

实训任务 2.4 呵护我的计算机

实训目的

1. 能够使用控制面板配置系统。
2. 能够对磁盘进行整理和维护。

实训内容与要求

1. 熟悉控制面板窗口。
2. 对 D 盘进行碎片整理。
3. 以管理员账户登录 Windows 7，设置或修改登录密码，新建一个以自己名字命名的账户，以新建的账户登录计算机，在多个账户间切换，删除新建的其他账户。

实训步骤与指导

1. 单击"开始"→"控制面板"即可打开"控制面板"窗口，设置系统日期和时间，卸载不用的程序。
2. 选择 D 盘，右键选择"属性"，选择"工具"选项，单击"立即进行碎片整理"按钮，然后按照操作提示完成磁盘碎片整理。
3. 在"控制面板"窗口，依次单击"用户账户和家庭安全"→"用户账户"，打开"用户账户"窗口。单击"更改用户账户"下面的"为您的账户创建密码"链接，打开如图 2-11 所示的"创建密码"窗口。在自己的用户名下面的两个文本框中输入相同的密码后，单击右下的"创建密码"按钮。

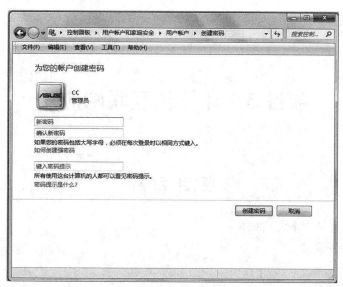

图 2-11　"创建密码"窗口

4. 建立新用户：在"用户账户"窗口中，单击"管理其他账户"弹出"管理账户"窗口，单击"创建一个新账户"，在图 2-12 中键入新用户账户的名称，设置账户类型，最后单击"创建账户"即可建立一个新用户。

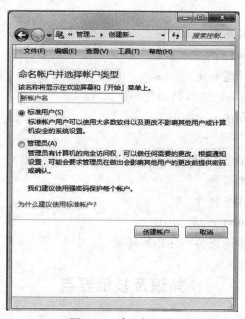

图 2-12　建立新用户

5. 删除用户账户：在"管理账户"窗口中单击要删除的用户，在弹出的"更改账户"窗口中，单击"删除账户"，即可删除该用户。

项目 3　计算机互联网应用

项 目 目 标

该项目实训包括 5 个实训任务:

1. 下载软件并安装。

2. 网络资源搜索。

3. 使用电子邮箱。

4. 在 Outlook 2010 中添加新用户。

5. 微博发布。

通过本项目的学习, 掌握计算机网络的基本知识, 学习使用网络资源的方法和技巧, 如搜索、下载、复制、保存、安装等, 学会使用电子邮箱, 如免费电子信箱的申请、收发邮件等, 学会用 Microsoft Outlook 2010 管理电子邮件, 学会使用微博等。

☞ 知识目标

1. 理解计算机网络的一些基本知识。

2. 了解 Internet Explorer 的基本知识。

3. 掌握电子邮箱的功能和使用方法。

4. 掌握 Microsoft Outlook 2010 的功能和使用方法。

5. 掌握微博的功能和使用方法。

☞ 技能目标

1. 能够熟练掌握 Internet Explorer 的一些基本操作。

2. 熟练掌握使用搜索引擎。

3. 掌握电子邮箱的各项操作。

4. 学会使用 Microsoft Outlook 2010。

5. 学会发布微博、查看微博和评论微博等。

知识及技能要点

☞ 基本知识

1. 计算机网络基础知识

i. 计算机网络的概念

ii. 计算机网络的发展

iii. 计算机网络功能

iv. 计算机网络分类

v. 计算机网络的组成

vi. TCP/IP 协

vii. IP 地址

viii. WWW

ix. 域名和 DNS

2. Internet Explorer 的应用

Internet Explorer，简称 IE，是微软公司推出的一款网页浏览器，也是微软 Windows 操作系统的一个组成部分。

FTP 的全称是 File Transfer Protocol，即文件传输协议，顾名思义，就是专门用来传输文件的协议。

3. 网络信息检索

搜索引擎是根据一定的策略、运用特定的计算机程序从互联网上搜集信息，在对信息进行组织和处理后，为用户提供检索服务，将用户检索的相关信息展示给用户的系统。

4. 申请电子信箱和收发电子邮件

5. Microsoft Outlook 2010 应用

Microsoft Outlook 2010 是微软公司推出的一款电子邮件客户端，在这款软件中，可以对多个邮箱用户进行管理。

Foxmail 是另一种邮件客户端软件，是由华中科技大学张小龙开发的一款优秀的国产电子邮件客户端软件。

6. 微博的应用

微博，即微博客(MicroBlog)的简称，是一个基于用户关系的信息分享、传播及获取平台，用户可以通过 Web、WAP 等各种客户端组件创办个人社区，以文字、图片、视频等更新信息，并实现即时分享。

☞ **基本技能**

1. Internet Explorer 应用的基本技能

i. 打开网页

ii. 启动搜索引擎工具

iii. 输入查询词

iv. 使用收藏夹

v. 保存网页

vi. 打印网页

vii. 下载文件

2. 网络信息检索的基本技能

i. 使用搜索引擎

ii. 输入查询词

iii. 查看资料

3. 申请电子信箱和收发电子邮件的基本技能

i. 申请邮箱

ii. 发送邮件

iii. 接收并保存邮件

4. Microsoft Outlook 2010 应用基本技能

i. 添加用户

ii. 查收邮件

iii. 编辑发送邮件

5. 微博的学习与使用

i. 注册微博

ii. 完善资料

iii. 登录微博

iv. 查看微博

v. 发表评论

vi. 发表微博

实训任务 3.1　下载软件并安装

实训目的

掌握搜索网络资源、下载并安装软件的方法。

实训内容与要求

下载最新版本的 QQ 聊天工具并安装。

按照以下要求完成：

1. 使用百度搜索引擎工具下载软件最新版本。

2. 下载并安装到本地磁盘(D:)中以自己名字命名的文件下。

实训步骤与指导

1. 在 D 盘创建一个以自己姓名为名的文件夹。

2. 打开 IE 浏览器，打开百度搜索引擎。

3. 利用百度搜索引擎搜索 QQ 并下载。

4. 单击"立即下载"，选在保存位置。

实训任务 3.2　网络资源搜索

实训目的

掌握选择合适查询词的方法，掌握百度搜索引擎的一些常用语法。

实训内容与要求

下周学校将举行学生会竞选活动,你是竞选代表之一,需要写一篇发言稿。你想到网上查一篇 DOC 格式的发言稿范文,请写出一个合适的查询词。

实训步骤与指导

1. 打开 IE 浏览器,打开百度搜索引擎。

2. 在百度搜索引擎的搜索文本框中输入关键词,想一想关键词该如何去写。

3. 选择词条,单击超链接,查看范文。

4. 尝试其他查询词的搜索结果。

实训任务 3.3　使用电子邮箱

实训目的

掌握使用电子邮箱的方法。

实训内容与要求

在"新浪、网易、搜狐"网站申请免费邮箱,并发送 2~3 封电子邮件。

1. 至少申请两个邮箱。

2. 用一个邮箱将存在计算机 D 盘下的文件"作业 . doc"(自行创建此文件)发送到另外的邮箱中,朋友之间可以互相转发。

实训步骤与指导

1. 打开 IE 浏览器,进入网易邮箱主页。

2. 单击"立即注册",输入注册信息后,单击"同意以下协议并注册",然后激活邮箱。

3. 登录邮箱,进行"写信",依次填好收件人地址、主题、信件内容并上传附件,然后"发送"。

4. 登录邮箱,单击"收信",选择邮件进行"转发"。

实训任务 3.4　在 Outlook 2010 中添加新用户

实训目的

掌握以"手动配置服务器设置或其他服务器类型"方式在 Outlook 2010 中添加新用户的方法。

实训内容与要求

在 Outlook 2010 中添加新用户,并要求用"手动配置服务器设置或其他服务类型"方式添加用户。

实训步骤与指导

1. 启动 Outlook 2010，在"文件"选项卡中选择"信息"命令，单击"添加账户"按钮，选择"手动配置服务器设置或其他服务类型"单选按钮，单击"下一步"按钮，在"Internet 电子邮件"界面单击"下一步"按钮，打开"Internet 电子邮件设置"界面。

2. 输入相关信息，单击"其他设置"按钮，打开"Internet 电子邮件设置"对话框，在"发送服务器"选项卡中，选中"我的发送服务器（SMTP）要求验证"复选框，单击"确定"按钮，再单击"测试账户设置"按钮，成功后单击"完成"按钮。

实训任务 3.5　微博发布

实训目的

申请一个新浪微博账号，发布一条长微博和一条短微博。

实训内容与要求

微博内容要求：语言文明、内容健康，其中包含图片和表情等。

实训步骤与指导

1. 打开 IE 浏览器，进入新浪主页。

2. 进入新浪微博注册页面，填写注册信息，完善个人信息及爱好，设置登录账户及密码。

3. 登录微博，在发布文本框中输入微博内容进行发布。

4. 选择自己感兴趣的内容进行"评论"。

项目 4 Word2010 文字处理应用

项 目 目 标

该项目实训包括 5 个实训任务：

1. 制作某公司某种产品发布会通知（公司自拟，产品根据所学专业不同自行选定）。
2. 制作相关产品宣传海报。
3. 制作产品调研信息表。
4. 制作产品发布会邀请函。
5. 制作产品策划书。

该项目是计算机应用的重要内容，它所涉及的工作任务是实际工作中最常用的内容。通过本项目的实训，使学生掌握文字处理软件的应用，熟练掌握使用 Word 进行文字编辑、图文混排、表格制作等技能，具有处理日常文字工作的能力，以增强职业能力。同时为后续项目的学习打下坚实基础。

☞ 知识目标

1. 了解 Word 2010 的工作界面，掌握 Word 2010 文档的创建、打开、保存、文本输入以及文字和段落格式设置、页面设置等方法。
2. 掌握在 Word 2010 中插入图片、艺术字、文本框、自选图形的方法。
3. 掌握表格处理的一般方法。
4. 掌握常用的页面设置及文档打印的方法。
5. 理解 Word 2010 所提供的自动功能。
6. 了解长文档的操作、邮件合并功能的使用方法。

☞ 技能目标

1. 能够熟练创建、修饰文档。
2. 能够熟练地制作图文混排文档。
3. 能够熟练地插入图形、图片、艺术字等页面元素并进行修饰。
4. 能够熟练插入和编辑表格。
5. 能制作较复杂的高级文档。

知识及技能要点

☞ 基本知识

1. Word 2010 窗口组成

2. 制作一个文档的过程

3. Word 2010 的常用试图

4. 打开文档的方法

5. 文本的输入

6. 段落格式

7. 文字环绕方式

8. Word 2010 图片的格式

9. Word 2010 中的邮件合并

10. Word 中的首字下沉

11. Word 中的页眉与页脚

☞ **基本技能**

1. Word 2010 界面

i. 标尺的显示与隐藏

ii. 视图方式的切换

2. Word 文档

i. 创建新文档

ii. 保存文档

3. Word 文档编辑

i. 选定文本

ii. 删除文本

iii. 移动文本

iv. 复制文本

v. 撤销与恢复

4. Word 文档排版

i. 设置字符格式

ii. 设置段落对齐方式

iii. 设置行间距和段落间距

iv. 设置段落缩进

v. 添加、修改项目符号与编号

vi. 添加边框与底纹

5. 页面排版和打印文档

i. 设置纸张大小

ii. 设置页边距

iii. 制定页面字数或行数

iv. 插入页眉、页脚

v. 插入页码

vi. 插入分节符

vii. 设置分栏

viii. 打印文档

6. Word 表格

i. 创建表格

ii. 文本与表格转换

iii. 删除表格、行、列、单元格

iv. 改变行高与列宽

v. 合并、拆分单元格

vi. 设置单元格文本对齐方式

vii. 添加边框与底纹

viii. 自动套用表格样式

7. Word 图形

i. 插入剪贴画、形状、图片、艺术字等

ii. 设置自选图形格式

iii. 编辑图片、文本框等

iv. 设置首字下沉

8. Word 2010 的高级排版

i. 修改样式

ii. 编辑目录

iii. 插入题注

iv. 插入批注

v. 邮件合并

实训任务4.1　制作某公司某种产品发布会通知

实训目的

1. 掌握 Word 2010 中页面的设置与修改方法。

2. 掌握 Word 2010 中字体的设置与修改方法。

3. 掌握 Word 2010 中段落的设置与修改方法。

4. 掌握 Word 2010 中边框和底纹的设置与修改方法。

5. 掌握 Word 2010 中编号及项目符号的设置与修改方法。

实训内容与要求

按照以下要求完成"发布会通知"的制作(公司及产品自拟)。

1. 设置页面纸张：A4，页边距：左 3 厘米；右 2.5 厘米；上、下各 2.5 厘米。

2. 标题"北京××信息技术有限公司新产品发布会"，字体：华文新魏；字号：三号；颜色：紫色；对齐方式：居中；段落行距为 1.5 倍行距；段前、段后间距均为 1 行。

3. 为标题"北京××信息技术有限公司新产品发布会"所在的段落添加边框，粗细：3磅，颜色为"紫色，强调文字颜色 4，深色 25%"，应用于：段落。添加底纹：橄榄色，强

33

调文字颜色 3，淡色 60%。

4. 所有正文内容的字体：宋体，字号：小四；段落间距为 1.5 倍行距；首行缩进：2 字符。

5. “会议背景:”、“活动目的:”、“活动主题:”、“活动概要:”文本加粗，并添加编号，设置它们的段前间距：1 行；段后间距：1 行。

6. 按效果图为相应的内容添加项目符号。

7. 为“石家庄裕华大酒店”、“2015 年 10 月 9~12 日”加下画线。

8. 将文档最后一个段落“注：……”设置为：字号：小五；段前间距：2 行。

实训结果如图 4-1 所示。

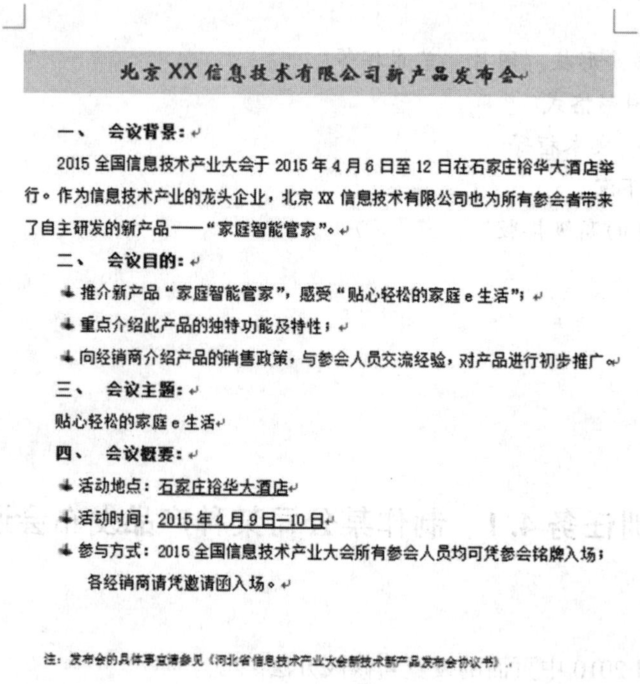
北京XX信息技术有限公司新产品发布会

一、 会议背景：

2015 全国信息技术产业大会于 2015 年 4 月 6 日至 12 日在石家庄裕华大酒店举行。作为信息技术产业的龙头企业，北京 XX 信息技术有限公司也为所有参会者带来了自主研发的新产品——“家庭智能管家”。

二、 会议目的：

- 推介新产品“家庭智能管家”，感受“贴心轻松的家庭 e 生活”；
- 重点介绍此产品的独特功能及特性；
- 向经销商介绍产品的销售政策，与参会人员交流经验，对产品进行初步推广。

三、 会议主题：

贴心轻松的家庭 e 生活

四、 会议概要：

- 活动地点：石家庄裕华大酒店
- 活动时间：2015 年 4 月 9 日—10 日
- 参与方式：2015 全国信息技术产业大会所有参会人员均可凭参会铭牌入场；各经销商请凭邀请函入场。

注：发布会的具体事宜请参见《河北省信息技术产业大会新技术新产品发布会协议书》。

图 4-1 “发布会通知”完成效果

实训步骤与指导

1. 生成新的空白文档，保存至桌面，文件名为“＊＊＊＊公司＊＊＊＊发布会通知”。

2. 选择“页面布局”进行页面设置。

3. 选择“开始”选项卡，单击“字体”组中相应按钮进行字体、字号和颜色的设置。

4. 选择“开始”选项卡，单击“段落”组的对话框，按要求设置文本对齐方式、行间距、段落间距、首行缩进等。

5. 选中“会议背景”等相关文字后，利用“字体”组中的“加粗”设置字体加粗，单击“段落”组中的“编号”按钮添加编号。

6. 选择"开始"选项卡，单击"段落"组中的"项目符号"，按效果图为相应的内容添加项目符号。

7. 选择"开始"选项卡，利用"字体"组中的"下画线"为相应文字添加下画线。

8. 选中标题所在段落，选择"开始"选项卡，单击"段落"组中的"下框线"，选择"边框和底纹"，为其添加边框和底纹，设置完毕后，保存文档。

 小技巧

为了美化文字效果，还可以单击"字体"对话框中的"文字效果"按钮打开"设置文本效果格式"对话框，在其中进行创意设置。

实训任务4.2　制作产品宣传海报

实训目的

1. 掌握 Word 2010 中艺术字的插入和设置方法。

2. 掌握 Word 2010 中图片的插入和设置方法。

3. 掌握 Word 2010 中文本框的插入和设置方法。

4. 掌握 Word 2010 中形状的插入和设置方法。

实训内容与要求

按照以下要求完成产品宣传海报的制作：

1. 页面纸张：A4，页边距：上、下、左、右均为0厘米。

2. 要求有图片插入。设置图片的环绕方式，设置图片的大小，设置图片的边框及颜色。

3. 要求有图形插入（矩形、心形、椭圆形、圆角矩形等形式不限，根据自己产品的风格而定）。

4. 要求有文本框和艺术字的插入，并对文本框和艺术字进行格式修饰。

5. 可以给文件设置背景图片或颜色。

大家根据自己拟定的公司及产品来确定整个海报的设计风格。

实训步骤与指导

1. 新建空白文档，保存至桌面，文件名为"产品宣传海报"。

2. 利用"页面设置"对话框设置页面纸张及页边距。

3. 选择"插入"选项卡，在"插图"组中选择"图片"命令，并对图片进行编辑。

4. 选择"插入"选项卡，在"插图"组中单击"形状"或利用"绘图工具→格式"进行相应编辑。

小技巧

选择图片后，将鼠标移动到图片上方的旋转控制柄上，按住鼠标左键不放，同时拖动鼠标即可旋转图片；若按住【Shift】键，则图片每次旋转的角度都为 15°。

5. 选择"插入"选项卡，在"文本"组中单击"文本框"，选择横排或竖排文本框并对其进行修饰。

小技巧

插入的形状或文本框可以组合，选中要组合的形状，选择"绘图工具→格式"选项卡，在"排列"组中单击"组合"按钮，即可将所选对象组合在一起，以便进行移动操作。如果要组合的对象中含有图片，需要将它设置为"嵌入式"以外的环绕方式，才能对其进行组合操作。

6. 选择"插入"选项卡，在"文本"组中单击"艺术字"，并对艺术字进行修饰。
7. 设置完毕，保存文件。

实训任务 4.3 制作产品营销分析表

实训目的
1. 掌握 Word 2010 中规则表格的插入和设置方法。
2. 掌握 Word 2010 中不规则表格的插入和设置方法。
3. 掌握 Word 2010 中表格的美化方法。
4. 了解公司产品调研表的信息。

实训内容与要求
按照以下要求制作产品调研信息的表格：
1. 文档共有两页，添加页眉"＊＊＊＊开发公司"，用艺术字插入，样式为"渐变填充—蓝色，强调文字颜色 1"，字号：小四，发光变体为"橄榄色，5pt 发光，强调文字颜色 3"，右对齐。
2. 在第一页输入表格标题"＊＊＊＊营销分析"，字体：华文行楷，字号：小三，对齐方式：居中。
3. 插入 11 行 4 列的规则表格，并输入表格中的文字内容，字体：仿宋，字号：五号，其中第一行和第一列文字加粗。所有的文本都是水平居中。
4. 调整表格的行高为 1 厘米，列宽为 3.53 厘米。
5. 应用表格样式为"中等深浅底纹 1-强调文字颜色 4"。

6. 在第二页开始处插入艺术字“＊＊消费者特征分析表”，“艺术字样式”为“填充→蓝色，强调文字颜色1，塑料棱台，映像”，字号：二号。

7. 用“绘制表格”命令绘制不规则表格。输入文字内容，第一行文本的字体：华文行楷，字号：小三，字体颜色：红色，加粗，水平居中对齐；第一列文本的字体：仿宋，字号：小四，字体颜色：黑色，加粗，中部居中；其余文本的字体：仿宋，字号：小四，中部居中。

8. 用“绘制表格”命令绘制如图4-3所示的表格边框线，外边框为紫色，粗细：3磅；内边框为绿色，粗细：1.5磅；第一行的内侧边框线为橙色，双实线，粗细：1.5磅。

9. 第一行单元格底纹为填充黄色，图案中样式为20%，颜色为“橙色，强调文字颜色6，深色60%”。

实训结果如图4-2、图4-3所示。

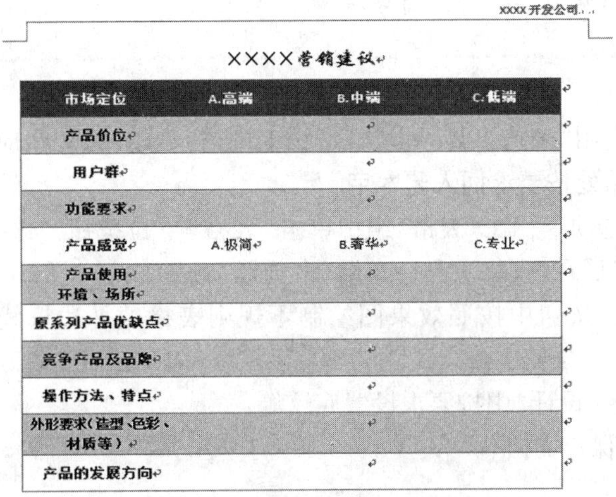

市场定位	A.高端	B.中端	C.低端
产品价位			
用户群			
功能要求			
产品感觉	A.极简	B.奢华	C.专业
产品使用环境、场所			
原系列产品优缺点			
竞争产品及品牌			
操作方法、特点			
外形要求（造型、色彩、材质等）			
产品的发展方向			

图4-2　“营销建议”完成效果

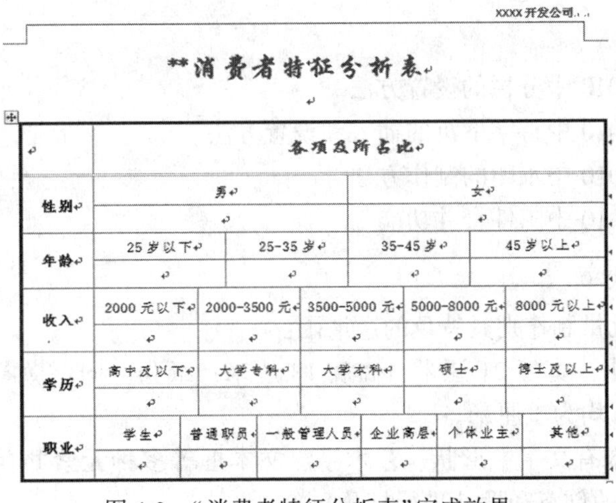

	各项及所占比				
性别	男		女		
年龄	25岁以下	25-35岁	35-45岁	45岁以上	
收入	2000元以下	2000-3500元	3500-5000元	5000-8000元	8000元以上
学历	高中及以下	大学专科	大学本科	硕士	博士及以上
职业	学生	普通职员	一般管理人员	企业高层	个体业主	其他

图4-3　“消费者特征分析表”完成效果

★ **实训步骤与指导**

1. 新建空白文档，保存至桌面，文件名为"产品调研信息"。

2. 选择"插入"选项卡，在"页"中单击"空白页"，生成两页。选择"插入"选项卡，在"页眉和页脚"组中编辑页眉。

3. 选择"插入"选项卡，在"表格"组中选择"表格"下拉按钮，插入表格。

4. 选中整个表格，选择"表格工具→布局"选项卡，在"单元格大小"组中设置高度和宽度。也可右击表格，选择"表格属性"按要求进行设置。

⚡ 小技巧

在"单元格大小"组中，若单击"分布行"按钮("分布列"按钮)，表格中所有行(列)的行高(列宽)将自动进行平均分布。

5. 选中表格，利用"表格工具→设计"选项卡中的"表格样式"组应用表格样式。

6. 在第二页开始处按要求插入艺术字。

7. 选择"插入"选项卡，在"表格"组中单击"表格"下拉按钮，选择"绘制表格"选项，绘制不规则表格。然后在"表格工具→布局"中选择"对齐方式"进行相应的对齐方式设置。

8. 在"绘制表格"按钮中按照效果图绘制不规则表格的外边框线和各种形式的内边框线。

9. 在"表格工具→设计"中按要求设置底纹等。

10. 设置完毕，保存文档。

实训任务 4.4　制作产品发布会邀请函

💾 **实训目的**

1. 掌握 Word 2010 中分栏的设置方法。

2. 掌握 Word 2010 中首字下沉的插入和设置方法。

3. 掌握 Word 2010 中水印的制作方法。

4. 掌握 Word 2010 中邮件合并功能。

📝 **实训内容与要求**

按照以下要求批量制作别具特色的邀请函：

1. 页面纸张大小：宽度 21 厘米，高度 18 厘米；纸张方向：横向；页边距：左、右均为 2 厘米，上、下均为 1 厘米。

2. 邀请函中要求有文字、形状、艺术字、文本框等多种元素共存，格式可自行设计(教师根据学生自己的创意和设计进行打分)。

3. 要求新建文档，保存文档到桌面上，将文件命名为"参会名单.docx"，文档中的表格包含三部分，"姓名"字段、"性别"字段。

4. 在"邀请函"文档，用邮件合并功能进行合并，批量制作出邀请函，并设置合并后的文档页面颜色。

实训步骤与指导

1. 新建空白文档，保存至桌面，文件名为"邀请函.docx"。

2."页面布局"选项卡设置纸张大小、纸张方向、页边距等。

3. 在文档中输入如图 4-6、图 4-7 所示的文字内容，标题"邀请函"设置为艺术字，"尊敬的"后留空备用，"我们期待您的光临"后绘制心形的自选图形。

4. 为文档页面添加页面边框。

5. 新建空白文档，命名为"参会人员.docx"，插入 5 行 2 列表格，列标题为"姓名"、"性别"，并填充内容，如图 4-4 所示，保存文档。

6. 回到"邀请函.docx"文档，"邮件"选项卡-"开始邮件合并"功能组，"选择收件人"命令菜单-"使用现有列表"，选择"参会人员.docx"。

7. 光标放置在"尊敬的"后，"邮件"选项卡-"编写和插入域"功能组-"插入合并域"-选择"姓名"，再次选择"性别"，得到如图 4-5 所示的结果。

8. 点击"邮件"选项卡-"完成"功能组-"完成并合并"命令，生成信函，保存为"邀请函-完成.docx"，如图 4-6 所示。

姓名	性别
张三	先生
李四	女士
王五	先生
赵六	女士

图 4-4 "参会人员"列表

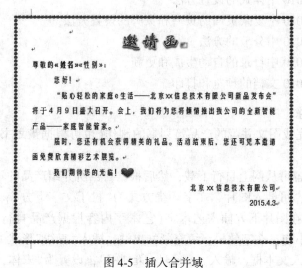

图 4-5 插入合并域

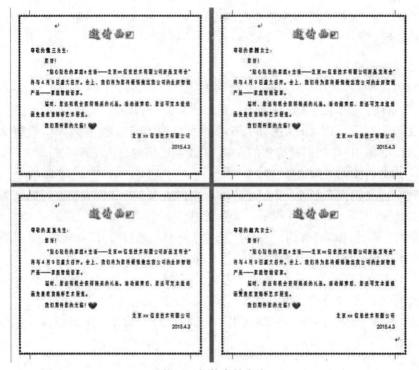

图 4-6　邮件合并完成

实训任务 4.5　制作产品策划书

实训目的

1. 掌握 Word 2010 中样式的设置方法。
2. 掌握 Word 2010 中复杂页面的页眉和页脚的设置方法。
3. 掌握 Word 2010 中分节的方法。
4. 掌握 Word 2010 中目录的自动生成和更新。
5. 掌握 Word 2010 文档的预览和打印。

实训内容与要求

按照以下要求完成图文并茂的产品策划书的制作(也可根据策划书的内容进行格式调整):

1. 策划书的内容可从网上自行下载,然后根据自己所介绍产品的不同进行修改。

2. 设计封面页,可插入图片,文字环绕方式为"衬于文字下方",大小:高 18.23 厘米,宽 13.8 厘米。在图片下方插入艺术字(艺术字内容根据产品自行设计),要求字体:华文行楷;字号:小初;文字效果:填充彩虹出岫。插入"直线"形状,"形状样式"为"中等线—深色 1"。插入文本框,输入"＊＊＊＊策划书",设置为"宋体,四号,加粗"。

3. 在文档中录入策划书的内容，所有文本的字体：宋体，字号：四号；首行缩进：2字符；行距：固定值 20 磅。

4. 将光标定位在"前言"之前，插入分隔符进行分节。

5. 将"前言"、"摘要"、"结束语"等设置为样式中的"标题 1"。

6. 将"一、二、三、四、五"等所在标题行段落样式设置为"标题 2"。

7. 给目录所在页添加页眉页脚。字体可设置为"华文行楷，字号：五号"。要求正文页眉页脚和目录页眉页脚不同(大家可自行设置)。

8. 在目录页眉中添加一个公司 LOGO，要求图片为水印，取消"冲蚀"复选框。

9. 将光标定位在"目录"的下一行行首，自动生成目录。

★ 实训步骤与指导

1. 新建空白文档，将其保存在桌面上，文件名为"＊＊策划书"。

2. 先在文档开始处插入一个分页符，留出封面。然后设计封面页，根据需要插入图片、艺术字、文本框、"直线"形状等。

3. 在文档中输入策划书内容，根据需要对正文格式进行设置。

4. 在"页面布局"选项卡的"页面设置"组中单击"分隔符"，对正文进行分节。

5. 在"开始"选项卡的"样式"组，对文档设置相应的标题样式。

6. 进行页眉页脚编辑。

7. 在"页面布局"选项卡的"页面背景"中设置"水印"。

8. 在"引用"选项卡中单击"目录"，自动生成目录。

9. 选择"文件"选项卡，选择"打印"命令，进行打印预览和打印设置。

10. 设置完毕后，保存文档。

项目 5　Excel 2010 电子表格应用

项目目标

该项目实训包括 3 个实训任务：

1. 计算机书籍销售情况表。
2. 职工工资表。
3. 预算财政支出表。

该项目是计算机应用基础的重要内容之一，通过实训能熟练完成电子表格制作的相关工作任务，包括会使用 Excel 2010 电子表格处理软件创建和编辑工作簿，学会在工作表中使用图表、进行数据管理和分析等。

☞ 知识目标

1. 了解 Excel 2010 的工作界面，理解工作簿、工作表和单元格的概念。
2. 掌握工作表中数据的录入、编辑以及格式化。
3. 掌握公式、函数的使用。
4. 掌握数据的排序、筛选、分类汇总的方法。
5. 掌握图表和数据透视表的制作方法。

☞ 技能目标

1. 能输入各种类型数据快速创建电子表格。
2. 能根据需要格式化电子表格。
3. 能够利用公式和函数进行相关运算。
4. 能够根据需要对数据进行排序、筛选、分类汇总等数据管理操作。
5. 能够根据需要创建图表和数据透视表。

知识及技能要点

☞ 基本知识

1. 工作簿、工作表和单元格概念
2. 编辑工作表
3. 格式化工作表
4. 公式和函数
5. 数据管理与分析

6. 图表

☞ **基本技能**

1. 输入和编辑工作表数据
2. 工作表的基本操作
3. 单元格的基本操作
4. 公式和函数的使用
5. 排序、筛选、分类汇总、数据透视表的操作
6. 操作图表

实训任务 5.1　计算机书籍销售情况表

1. 编辑工作表与工作表操作

实训目的

1. 掌握新建、保存、打开与关闭工作簿的方法。
2. 掌握输入各种类型数据的方法。
3. 掌握单元格的复制、移动、插入行、列或单元格与删除、清除单元格的方法。
4. 掌握填充柄的使用与自动填充的方法。
5. 掌握工作表的选择、重命名、插入、复制、移动与删除的方法。

实训内容与要求

1. 新建一个名称为"计算机书籍销售情况表 . xlsx"的工作簿文件。
2. 在"sheet1"工作表中输入如图 5-1 所示数据。

图 5-1　计算机书籍销售数据

3. 插入标题行，并输入标题为"2014 年计算机书籍销售情况表"。
4. 将 Sheet1 重命名为销售表，Sheet2 重命名为利润表，删除"Sheet3"工作表。

实训步骤与指导

1. 单击 Windows 窗口左下角的"开始"按钮，从"所有程序"项中选择" Microsoft Office"，单击"Microsoft Office"中"Microsoft Excel2010"菜单项，即可完成启动（也可以通过双击 Excel2010 的桌面快捷方式启动）。

2. 执行"文件"菜单→"保存"命令。在弹出的"另存为"对话框中选择保存路径，在

"文件名"后的文本框中输入"计算机书籍销售情况表.xlsx"，单击"保存"按钮完成文件的保存。也可以单击"快速访问"工具栏中的"保存"按钮，保存工作簿。

3. 在"Sheet1"工作表中输入相关数据，"编号"列使用填充柄填充。

4. 在第一行上边插入一行并在"A1"单元格中输入"2014 年计算机书籍销售情况表"。

5. 在"Sheet1"工作表标签上双击鼠标左键，工作表名处于编辑状态，输入"销售表"用于改变工作表的标签。

6. 在"Sheet2"工作表标签上单击鼠标右键，在弹出的快捷菜单中选择"重命名"命令，输入"利润表"以改变工作表的标签。

7. 在"Sheet3"工作表标签上单击鼠标右键，在弹出的快捷菜单中选择"删除"命令，用于删除相应的工作表。

小技巧

在需要存放文档所在文件夹的空白区域单击鼠标右键，执行"新建"→"Microsoft Excel 工作表"命令，将创建一个空白工作簿，对该工作簿重命名即可完成新建文件的工作。

2. 公式与函数运算

实训目的
1. 掌握单元格的引用方法。
2. 掌握通过公式进行数据运算。
3. 掌握常用函数(SUM、AVERAGE、MAX、MIN、IF、COUNT 等)的使用方法。
4. 掌握选择性粘贴的方法。

实训内容与要求
对"计算机书籍销售情况表.xlsx"文件的"销售表"进行以下操作：

1. 计算各种图书的年销售量、年销售总额和所有图书的年销售总额。

2. 计算图书的最高价、最低价和平均价。

3. 计算各个出版社图书的数量。

4. 计算各个出版社年销售额。

5. 填写"价格评价"列，使用 IF 函数，"单价"大于 30 填写"偏高"，"单价"小于 20 填写"偏低"，否则填写"适中"。

对"计算机书籍销售情况表.xlsx"文件的"利润表"进行以下操作：

1. 输入"利润表"工作表中"进价"列的内容如图 5-2 所示。

	A	B	C	D	E	F
1	编号	进价	销量	售价	利润	利润排名
2		21.2				
3		25.8				
4		18.3				
5		12				
6		14.6				
7		16.3				
8		21.3				
9		23				
10		33				
11		19.9				
12						

图 5-2　利润表数据

2. 复制“销售表”工作表中“编号”列和“单价”列的内容。

3. 复制“销售表”中“年销售量”列选择性粘贴到“利润表”的“销量”列中。

4. 利用公式计算每种书的利润及总利润。

5. 计算利润排名。

实训步骤与指导

打开文件“计算机书籍销售情况表 . xlsx”，选择“销售表”工作表，进行以下操作：

1. 将光标定位到【H3】单元格(第一本书的年销售量栏)，直接输入公式“ = D3+E3+F3+G3”后回车，使用填充柄完成本列数据的填充；将光标定位到【J3】单元格(第一本书的年销售额栏)，输入公式“ = H3 * I3”后回车，使用填充柄完成本列数据的填充；将光标定位到【J13】单元格(总计)，单击“开始”选项卡→“编辑”选项组→“自动求和”按钮 Σ，选择参加运算的单元格区域【J3：J12】，按回车键。如图 5-3 所示。

D	E	F	G	H	I
一季度	二季度	三季度	四季度	年销售量	单价
50	45	30	40	=D3+E3+F3+G3	
50	40	32	45		31.2
20	24	35	31		23.6
23	43	35	34		18
43	34	23	35		19.9
60	50	56	53		22.4
50	60	70	60		25.8
59	68	56	67		29
20	24	30	27		39.6
30	23	24	20		25.7

图 5-3　加法公式

2. 选择单元格【M3】，点击编辑栏的插入函数按钮 fx，弹出“插入函数”对话框，选中“MAX”，在“Number1”中的折叠按钮中选中【I3：I12】单元格内容(如图 5-4 所示)，单击“确定”按钮，求出最高价；求最低价和平均价单元格的值方法相同，最低价使用“MIN”函数，平均价使用“AVERAGE”函数。

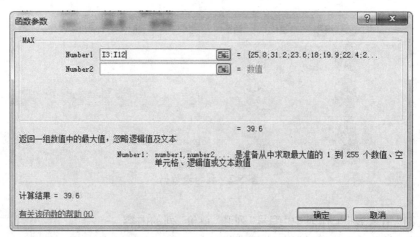

图 5-4　MAX 函数

3. 选择单元格【O3】，点击编辑栏的插入函数按钮 *fx*，弹出"插入函数"对话框，选中"COUNTIF"函数，在"Range"中的折叠按钮中选中【＄C＄3：＄C＄12】单元格内容（绝对引用），在"Criteria"中的折叠按钮中选中【C3】单元格（如图 5-5 所示），单击"确定"按钮，求出高教出版社图书数量，使用填充柄完成本列数据的填充。

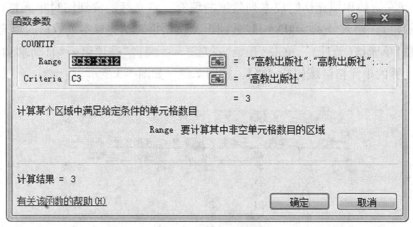

图 5-5　COUNTIF 函数

4. 选择单元格【Q3】，点击编辑栏的插入函数按钮 *fx*，弹出"插入函数"对话框，选中"SUMIF"函数，在"Range"中的折叠按钮中选中【＄C＄3：＄C＄12】单元格内容（绝对引用），在"Criteria"中的折叠按钮中选中【P3】单元格，在"Sum_range"中的折叠按钮中选中【＄J＄3：＄J＄12】单元格内容（绝对引用）如图 5-6 所示，单击"确定"按钮，求出高教出版社年销售额，使用填充柄完成本列数据的填充。

5. 选择单元格【K3】，输入函数"=IF（I3 >30，"偏高"，IF（I3 >=20，"适中"，"偏低"））"。使用自动填充的方法，将【K3】中的函数复制到单元格区域【K4：K12】。

本工作表的操作结果如图 5-7 所示：

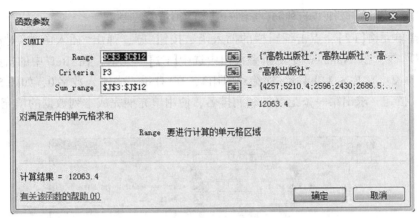

图 5-6　SUMIF 函数

	A	B	C	D	E	F	G	H	I	J	K	L	M	N	O	P	Q
1	2014年计算机书籍销售情况表																
2	编号	图书	出版社	一季度	二季度	三季度	四季度	年销售量	单价		价格评价						年销售额
3	101	VB	高教出版社	50	45	30	40	165	25.8	4257	适中	最高价	40	高教图书数量	3	高教出版社	12063.4
4	102	VC	高教出版社	50	40	32	45	167	31.2	5210.4	偏高	最低价	18	科学图书数量	3	科学出版社	5116.5
5	103	操作系统	高教出版社	20	24	35	31	110	23.6	2596	适中	平均价	26	清华图书数量	3	清华大学出版社	18347.6
6	201	VB	科学出版社	23	43	35	34	135	18	2430	偏低			人邮图书数量	2	人民邮电出版社	6492.5
7	202	数据结构	科学出版社	43	34	23	35	135	19.9	2686.5	偏低						
8	301	VC	清华大学出	60	50	56	53	219	22.4	4905.6	适中						
9	302	操作系统	清华大学出	50	60	70	60	240	25.8	6192	适中						
10	303	VB	清华大学出	59	68	56	67	250	29	7250	适中						
11	401	数据结构	人民邮电出	20	24	30	27	101	39.6	3999.6	偏高						
12	402	操作系统	人民邮电出	30	23	24	20	97	25.7	2492.9	适中						
13									总计	42020							
14	日期	2015/4/3															

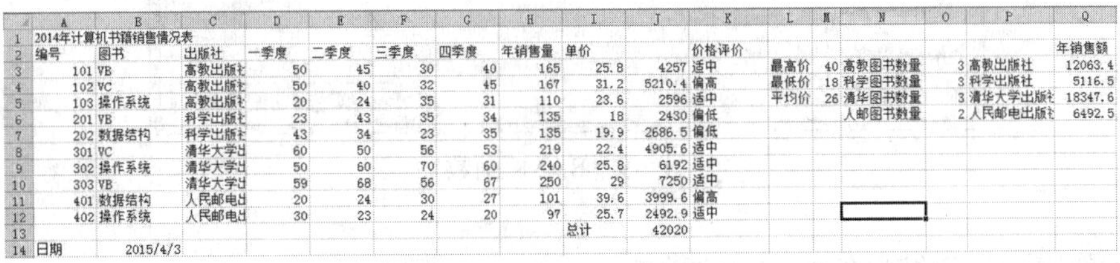

图 5-7　函数和公式操作结果

选择“利润表”工作表，进行以下操作：

1. 如图 5-2 输入“进价”列的内容，将“销售表”工作表中“编号”列和“单价”列复制到“利润表”中的相应列。

2. 选择“销售表”中“年销售量”列并复制，单击“利润表”的“销量”列中【C2】单元格，“开始”选项卡→“剪贴板”选项组中，单击“粘贴”下侧的下拉按钮，单击“粘贴数值”区域的“值”按钮(如图 5-8 所示)。

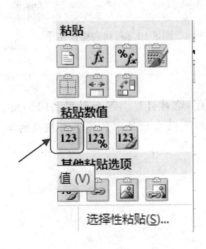

图 5-8　选择性粘贴菜单

3. 利用公式计算每种书的利润(售价−进价)×销量及总利润。

4. 选择单元格【F2】，点击编辑栏的插入函数按钮 f_x ，弹出"插入函数"对话框，选中"RANK"函数，在"Number"中的折叠按钮中选中【E2】单元格，在"Ref"中的折叠按钮中选中【＄E＄2：＄E＄11】单元格(绝对引用)，在"Order"中输入数字 0，如图 5-9 所示，单击"确定"按钮，求出第一条记录的利润排名，使用填充柄完成本列数据的填充。

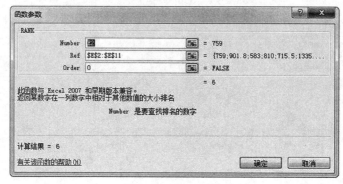

图 5-9　RANK 函数

本工作表的操作结果如图 5-10 所示：

	A	B	C	D	E	F
1	编号	进价	销量	售价	利润	利润排名
2	101	21.2	165	25.8	759	6
3	102	25.8	167	31.2	901.8	4
4	103	18.3	110	23.6	583	9
5	201	12	135	18	810	5
6	202	14.6	135	19.9	715.5	7
7	301	16.3	219	22.4	1335.9	2
8	302	21.3	240	25.8	1080	3
9	303	23	250	29	1500	1
10	401	33	101	39.6	666.6	8
11	402	19.9	97	25.7	562.6	10
12				总利润	8914.4	

图 5-10　利润表操作结果

 小技巧

1. 按 F4 键在相对引用、绝对引用、混合引用之间切换。
2. 在公式中需要输入单元格名称时，鼠标单击相应的单元格即可输入。

3. 格式化工作表

 实训目的

1. 掌握设置字符格式的方法。

2. 掌握改变数字外观的方法。

3. 掌握改变列宽与行高的方法。

4. 掌握设置单元格的边框与底纹的方法。

5. 掌握使用条件格式的方法。

6. 掌握自动套用格式的方法。

实训内容与要求

复制"销售表"中数据区域【A1：K14】到新工作表并进行以下操作：

1. 设置字符格式：将标题"2014 年计算机书籍销售情况表"设置为：字体黑体、字号 14、颜色红色、合并后居中；将列标题设置为：字体仿宋体、字号 12、颜色蓝色、居中对齐。

2. 设置表格边框：给数据区域【A2：K14】添加边框。外边框为双线蓝色，内边框为单线浅蓝色。其余部分不显示网格线。

3. 添加表格底纹：给列标题添加底纹，颜色为浅绿；给内容区域添加底纹，白色，背景 1，深色 25%。

4. 设置数字外观：将"单价"列【I3：I12】和"年销售额"列【J3：J13】格式设置为：使用货币样式、数字前加￥，保留两位小数；各季度销量列【D3：G12】格式设置为：数值型、无小数位。

5. 改变列宽与行高：将数据区域各行的行高设置为 20；将数据区域各列的列宽设置为"自动调整列宽"。

6. 使用条件格式将"单价"在 30 以上的数据设置为红色。

7. 套用表格格式中的"表样式浅色 7"。

实训步骤与指导

1. 复制"计算机书籍销售情况表 . xlsx"文件中"销售表"工作表中数据区域【A1：K14】到新工作表并重命名为"格式化销售表"。

2. 选中标题所在行的单元格区域【A1：K1】，在"开始"选项卡→"字体"选项组，通过相关按钮设置字体为黑体、字号为 14、颜色为红色；在"开始"选项卡→"对齐方式"选项组，单击"合并并居中"按钮，实现标题的合并居中。

3. 选择列标题区域【A2：K2】右击弹出快捷菜单，选择"设置单元格格式"打开设置单元格格式对话框，选择"字体"选项卡，设置字体为仿宋体、字号为 12、颜色为蓝色；选择"对齐"选项卡，设置对齐方式为"居中"。

4. 选择数据区域【A3：K14】，右击弹出快捷菜单，选择"设置单元格格式"，打开设置单元格格式对话框，选择"边框"选项卡，设置"线条样式"为双线，颜色为蓝色，单击"外边框"按钮；设置"线条样式"为单线，颜色为浅蓝色，单击"内部"按钮。

5. 选择列标题区域【A2：K2】，在"开始"选项卡→"字体"选项组中，单击"填充颜色"右侧的下拉按钮，在弹出的"主题颜色"中选择浅绿色；选择内容区域【A3：K14】，右击弹出快捷菜单，选择"设置单元格格式"，打开设置单元格格式对话框，选择"填充"选项卡，设置图案颜色为白色，背景 1，深色 25%。

6. 选择"单价"列【I3：I12】和"年销售额"列【J3：J13】，右击弹出快捷菜单，选择"设置单元格格式"，打开设置单元格格式对话框，选择"数字"选项卡，单击选择"分类"栏中的"货币"类型，设定小数点位数为 2，货币符号位"￥"；选择各季度销量列【D3：G12】，在"开始"选项卡→"数字"选项组中，在"数字格式"列表中选择"数值"，再通过"增加小数位数"按钮 ✿ 和"减少小数位数"按钮 ✿ 设置数字为无小数形式。

7. 选择数据区域第 1 至 14 行，右击弹出快捷菜单，选择"行高"，打开行高对话框，设定行高值为 20；选择数据区域第 A 列至 K 列，在"开始"选项卡→"单元格"选项组中，单击"格式"下侧的下拉按钮，在"单元格大小"区域中选择"自动调整列宽"。

8. 选择"单价"列【I3：I12】，在"开始"选项卡→"样式"选项组中，单击"条件格式"下侧的下拉按钮，单击"突出显示单元格规则"按钮，在弹出的对话框中，选择"大于"按钮，在"大于"对话框前边的文本框中输入"30"，后边的选项中选择"红色文本"。

9. 在"开始"选项卡→"样式"选项组中，单击"套用表格格式"下侧的下拉按钮，选择"浅色"区域的"表样式浅色 7"按钮。

设置后的效果如图 5-11 所示。

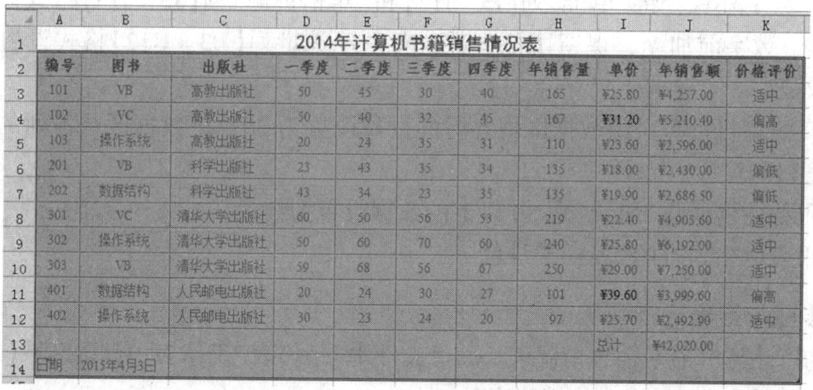

图 5-11　格式化结果

4. 数据管理与分析

实训目的

1. 了解数据管理功能。
2. 掌握数据排序的方法。
3. 掌握数据筛选的方法。
4. 掌握分类汇总的方法。
5. 掌握数据透视表的简单运用。

实训内容与要求

复制"销售表"中数据区域【A1：K12】到三个新工作表并进行以下操作：

1. 按图书名称降序排序，书名相同的按单价升序排序。

2. 筛选出"高教出版社"且价格"适中"或"清华大学出版社"且价格"偏高"的记录。筛选条件设置从"C18"单元格起始的区域中，筛选结果放置在"A22"单元格起始的区域中。

3. 统计各出版社的销售金额(即按出版社分类汇总)。

4. 用"图书"为行标签，"一季度"、"三季度"为求和项，在新工作表中做数据透视表。

实训步骤与指导

1. 复制"计算机书籍销售情况表.xlsx"文件中"销售表"工作表中数据区域【A1：K12】到新工作表并分别重命名为"排序表"、"高级筛选表"、"分类汇总表"。

2. 选择"排序表"，将光标移至要进行排序的数据区中；单击"数据"选项卡→"排序和筛选"选项组→"排序"命令 排序 ，打开"排序"对话框，在对话框中的"主要关键字"中选定"图书"，并选中"次序"列的"降序"选项；单击"添加条件"按钮，在"次要关键字"中选定"单价"，并选中"次序"列的"升序"选项(如图 5-12 所示)；单击"确定"按钮。排序结果参照图 5-13。

图 5-12 排序条件

<table>
<tr><td colspan="11">2014年计算机书籍销售情况表</td></tr>
<tr><td>编号</td><td>图书</td><td>出版社</td><td>一季度</td><td>二季度</td><td>三季度</td><td>四季度</td><td>年销售量</td><td>单价</td><td>年销售额</td><td>价格评价</td></tr>
<tr><td>202</td><td>数据结构</td><td>科学出版社</td><td>43</td><td>34</td><td>23</td><td>35</td><td>135</td><td>¥19.90</td><td>¥2,686.50</td><td>偏低</td></tr>
<tr><td>401</td><td>数据结构</td><td>人民邮电出版社</td><td>30</td><td>24</td><td>30</td><td>27</td><td>101</td><td>¥39.60</td><td>¥3,999.60</td><td>偏高</td></tr>
<tr><td>103</td><td>操作系统</td><td>高教出版社</td><td>20</td><td>24</td><td>35</td><td>31</td><td>110</td><td>¥23.60</td><td>¥2,596.00</td><td>适中</td></tr>
<tr><td>402</td><td>操作系统</td><td>人民邮电出版社</td><td>30</td><td>23</td><td>24</td><td>20</td><td>97</td><td>¥25.70</td><td>¥2,492.90</td><td>适中</td></tr>
<tr><td>302</td><td>操作系统</td><td>清华大学出版社</td><td>50</td><td>60</td><td>70</td><td>60</td><td>240</td><td>¥25.80</td><td>¥6,192.00</td><td>适中</td></tr>
<tr><td>301</td><td>VC</td><td>清华大学出版社</td><td>60</td><td>50</td><td>56</td><td>53</td><td>219</td><td>¥22.40</td><td>¥4,905.60</td><td>适中</td></tr>
<tr><td>102</td><td>VC</td><td>高教出版社</td><td>50</td><td>40</td><td>32</td><td>45</td><td>167</td><td>¥31.20</td><td>¥5,210.40</td><td>偏高</td></tr>
<tr><td>201</td><td>VB</td><td>科学出版社</td><td>23</td><td>43</td><td>35</td><td>34</td><td>135</td><td>¥18.00</td><td>¥2,430.00</td><td>偏低</td></tr>
<tr><td>101</td><td>VB</td><td>高教出版社</td><td>50</td><td>45</td><td>30</td><td>40</td><td>185</td><td>¥25.80</td><td>¥4,257.00</td><td>适中</td></tr>
<tr><td>303</td><td>VB</td><td>清华大学出版社</td><td>59</td><td>68</td><td>56</td><td>67</td><td>250</td><td>¥29.00</td><td>¥7,250.00</td><td>适中</td></tr>
</table>

图 5-13 排序结果

3. 选择"高级筛选表",将"出版社"、"价格评价"字段名分别复制到【C18】、【D18】
单元格中,在【C19】单元格中,录入"高教出版社",在【D19】单元格,录入"适中",在
【C20】单元格中,录入"清华大学出版社",在【D20】单元格,录入"偏高",建立条件区
域,如图 5-14 所示。将光标定位到数据区域,执行"数据"选项卡→"排序和筛选"选项
组→"高级"命令,弹出"高级筛选"对话框,选中"将筛选结果复制到其他位置"前的单选
按钮;单击"列表区域"后的折叠按钮,选择相应的数据区域,再单击展开按钮;单击"条
件区域"后的折叠按钮,选中条件区域【C18:D20】,再单击展开按钮;单击"复制到"后
的折叠按钮,选中条件区域【A22】,再单击展开按钮(如图 5-15 所示)。设置完毕后单击
"确定"按钮,完成高级筛选。高级筛选结果参照图 5-16。

图 5-14　条件区域　　　　　　　　图 5-15　高级筛选对话框

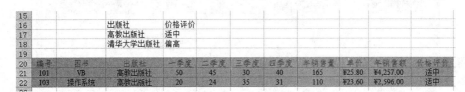

图 5-16　筛选结果

4. 选择"分类汇总表",单击"出版社"所在列的某个单元格,单击"数据"选项卡→
"排序和筛选"选项组中的 按钮,对所有数据按出版社排序。单击"数据"选项卡→
"分级显示"选项组→"分类汇总"命令,打开"分类汇总对话框",在"分类字段"中选择
"出版社","汇总方式"中选择"求和",选定汇总项设置为"年销售额"(如图 5-17 所示),
单击"确定"按钮。分类汇总结果如图 5-18。

5. 选择"销售表",将光标定位到数据清单中,点击"插入"选项卡"表格"选项组中的
"数据透视表"按钮,打开"创建数据透视表"对话框→设置"表/区域"(即数据源【A2:
K12】)并选择放置数据透视表的位置为"新工作表"→点击"确定"按钮,然后在打开的"数
据透视表字段列表"对话框中,将"图书"字段拖动到"行标签"区域,将"一季度"、"三季
度"字段拖动到"数值"区域(如图 5-19),最后关闭"数据透视表字段列表"对话框,完成
透视表的设置,并将该工作表重命名为"数据透视表"。

图 5-17　分类汇总对话框

1 2 3		A	B	C	D	E	F	G	H	I	J	K
	1	2014年计算机书籍销售情况表										
	2	编号	图书	出版社	一季度	二季度	三季度	四季度	年销售量	单价	年销售额	价格评价
	3	101	VB	高教出版社	50	45	30	40	165	¥25.80	¥4,257.00	适中
	4	102	VC	高教出版社	50	40	32	45	167	¥31.20	¥5,210.40	偏高
	5	103	操作系统	高教出版社	20	24	35	31	110	¥23.60	¥2,596.00	适中
	6			高教出版社 汇总							¥12,063.40	
	7	201	VB	科学出版社	33	43	35	34	135	¥18.00	¥2,420.00	偏低
	8	202	数据结构	科学出版社	43	34	23	35	135	¥19.90	¥3,686.50	偏低
	9			科学出版社 汇总							¥5,116.50	
	10	301	VC	清华大学出版社	60	50	56	53	219	¥22.40	¥4,905.60	适中
	11	302	操作系统	清华大学出版社	50	60	70	60	240	¥25.80	¥6,192.00	适中
	12	303	VB	清华大学出版社	59	68	56	67	250	¥29.00	¥7,250.00	适中
	13			清华大学出版社 汇总							¥18,347.60	
	14	401	数据结构	人民邮电出版社	20	24	30	27	101	¥39.60	¥3,999.60	偏高
	15	402	操作系统	人民邮电出版社	30	23	24	20	97	¥25.70	¥2,492.90	适中
	16			人民邮电出版社 汇总							¥6,492.50	
	17			总计							¥42,020.00	

图 5-18　分类汇总结果

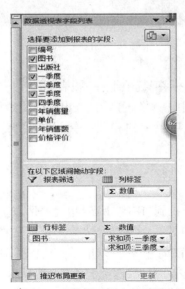

图 5-19　数据透视表对话框

5. 图表

实训目的

1. 掌握创建图表的方法。

2. 掌握图表的格式化的方法。

实训内容与要求

1. 对各出版社的年销售额常见分离型三维饼图(利用上一节的分类汇总结果)。

2. 图表标题为"各出版社年销售额比较图",在左侧显示图例,并将图表放到【E20：K35】单元格区域中。

3. 标题设置为黑体、加粗倾斜、紫色 14 号字。

4. 设置"图表区"填充效果：渐变填充、预设颜色为"碧海青天"、类型为"射线"、方向为"自右下角"。

5. 设置"图例"边框格式："实线"、"红色",透明度 70%。

实训步骤与指导

1. 选择"分类汇总表",折叠各出版社的详细数据,只显示汇总项,如图 5-20 所示。选择工作表中的数据源【C2：C16,J2：J16】,单击"插入"选项卡→"图表"选项组→"饼图"按钮,在列表中选择"三维饼图"区域中的"分离型三维饼图"按钮,生成相应的图表。

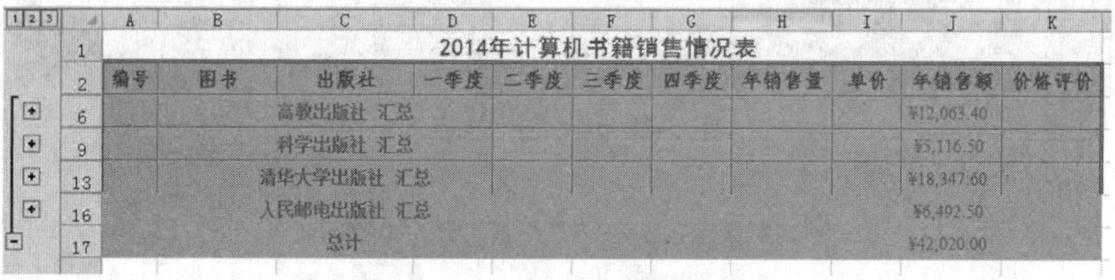

图 5-20　图表数据源

2. 单击"布局"选项卡→"标签"选项组→"图表标题"下拉按钮,在列表中选择"图表上方"按钮。在生成的文本框中输入图表标题"各出版社年销售额比较图"；选中标题,通过"开始"选项卡→"字体"选项组中的相关按钮设置效果：黑体、加粗倾斜、紫色 14 号字。

3. 单击"布局"选项卡→"标签"选项组→"图例"下拉按钮,在列表中选择"在右侧显示图例"按钮。

4. 单击图表,将图表大小拉到【E20：K35】单元格区域。

5. 鼠标右击图表中的空白处,在弹出的快捷菜单中选择"设置图表区域格式"选项,从弹出设置对话框中选择"填充"选项卡,单击"渐变填充"前的单元按钮选中此项,单击"预设颜色"后的按钮,选择"碧海青天"图标,单击"类型"后的按钮,选择"射线",单击"方向"后的按钮,选择"自右下角"图标,单击"关闭"按钮。设置窗口如图 5-21 所示。

图 5-21 设置图表区格式对话框

6. 鼠标右击图例区域,在弹出的快捷菜单中选择"设置图例格式"选项,从弹出设置对话框中选择"边框颜色"选项卡,单击"实线"前的单元按钮选中此项,单击"颜色"后的按钮,选择"红色"图标,在"透明度"后的数据框内输入"70%",单击"关闭"按钮。生成的图表效果如图 5-22 所示。

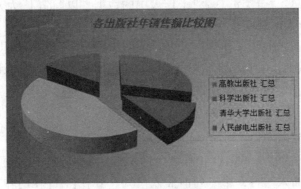

图 5-22 图表效果

实训任务 5.2 职工工资表的制定

 实训目的

1. 熟练掌握工作表的编辑。

2. 熟练掌握工作表中的公式的使用。

3. 掌握自动筛选和分类汇总操作。

4. 熟练掌握图表的制作与修饰。

实训内容与要求

1. 新建职工工资表，如图 5-23 所示输入相关数据。

	A	B	C	D	E	F	G
1	刘丽	销售	700	210	120	300	2
2	黄晓	研发	750	260	120	400	3
3	李英	销售	580	180	120	500	5
4	王华	生产	800	280	120	450	1
5	张强	财务	820	300	120	500	0
6	孔明	研发	780	240	120	400	2
7	李恒	生产	680	180	120	350	4
8	赵周	销售	600	150	120	350	3

图 5-23 工资表数据

2. 利用数据填充输入编号和月份两列的数据，其中月份列使用函数 NOW( )。

3. 利用公式计算缺勤扣款、应发工资和实发工资。要求应发工资为基本工资、职务工资、地方津贴、奖金的和，缺勤扣款为基本工资乘以缺勤天数再除 30 的相反数。实发工资为应发工资和缺勤扣款的和。

4. 将数据复制到另三个工作表中，并分别重命名工作表为"工资条"、"分类汇总表"和"图表"。

5. 对"工资条"中数据通过插入行的方式给每个人的工资条添加标题行，并计算各项费用之和。

6. 数据分类汇总："分类汇总表"工作表中的数据，以"部门"为分类字段，对"实发工资"进行"求和"分类汇总。

7. 插入图表：在"图表"工作表中，以"姓名"、"基本工资"、"职务工资"、"地方津贴"、"奖金"为源数据，生成二维堆积条形图，图表标题为"职工收入比较图"，横坐标标题为"职工工资(元)"，纵坐标标题为"职工姓名"，在右侧显示图例，并将图表放到名称为"工资图表"的新工作表中。

实训步骤与指导

1. 新建一个工作簿，在 Sheet1 工作表中输入相关数据(见图 5-24)。

2. 在第一行前插入一行，第一列前插入两列，并在【A1：L1】单元格区域中依次输入："编号"、"月份"、"姓名"、"部门"、"基本工资"、"职务工资"、"地区津贴"、"奖金"、"缺勤天数"、"缺勤扣款"、"应发工资"、"实发工资"。

3. 在【A2】单元格中输入 1，将鼠标指针移至该单元格的右下方填充柄上，按住"Ctrl"键的同时按住鼠标左键向下拖动至第 9 行，释放鼠标完成编号的填写。

4. 在【B2】单元格中输入函数：=NOW( )，并按 Enter 键，将自动显示系统当前时间(见图 5-24(a)、5-24(b))。

（a）　　　　　　　　　　　　（b）

图 5-24　NOW 函数

5. 选定【B2】单元格，单击鼠标右键，在弹出的快捷菜单中选择"设置单元格格式"，在弹出的"设置单元格格式"对话框中单击"数字"选项卡，在"分类"列表中选择"自定义"选项，在"类型"文本框中输入 yy. mm，单击"确定"按钮，则设置的日期类型将应用于【B2】中（见图 5-25）；将鼠标指针移至该单元格的右下方填充柄上，按住鼠标左键向下拖动至第 9 行，释放鼠标完成月份的复制。

图 5-25　设置单元格格式

6. 选定【K2】单元格，单击"开始"选项卡→"编辑"选项组→"自动求和"按钮 Σ，则在 K2 单元格中显示出系统建议的求和公式，拖动鼠标选定【E2：H2】单元格区域（如图 5-26 所示），按 Enter 键，系统将自动完成求和运算并显示求和结果；将鼠标指针移至该单元格的右下方填充柄上，按住鼠标左键向下拖动至第 9 行，释放鼠标完成应发工资字段公式的复制。

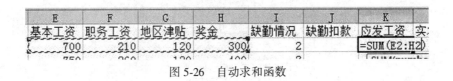

图 5-26　自动求和函数

7. 在【J2】单元格中输入公式：=-E 2 * I 2/30，按 Enter 键，将鼠标指针移至该单元格的右下方填充柄上，按住鼠标左键向下拖动至第 9 行，释放鼠标完成缺勤扣款字段公式的复制。

8. 在【L2】单元格中输入公式：=J2+K2，按 Enter 键，将鼠标指针移至该单元格的右下方填充柄上，按住鼠标左键向下拖动至第 9 行，释放鼠标完成实发工资字段公式的复制。

9. 双击工作表标签 Sheet1，将其重命名为"工资条"，选定"工资条"工作表中的所有数据并完成复制操作。

10. 单击工作表标签 Sheet2，选定【A1】单元格，通过"粘贴"命令即可将全部数据粘贴到 Sheet2 工作表中；把相关数据同样粘贴到 Sheet3 工作表中。双击工作表标签 Sheet2，将其重命名为"分类汇总表"，双击工作表标签 Sheet3，将其重命名为"图表"。

11. 选择"工资条"工作表，选定【A1：L1】单元格区域，将鼠标指针移至该区域的边线上，按住【Ctrl】和【Shift】键的同时，按住鼠标左键将其复制到【A3：L3】单元格区别。

12. 依照此操作，通过复制工资条字段名栏完成工资条样本的设置，效果见图 5-27。

	A	B		C	D	E	F	G	H	I	J	K	L
1	编号	月份		姓名	部门	基本工资	职务工资	地区津贴	奖金	缺勤天数	缺勤扣款	应发工资	实发工资
2	1		15.04	刘丽	销售	700	210	120	300	2	-46.6667	1330	1283.333
3	编号	月份		姓名	部门	基本工资	职务工资	地区津贴	奖金	缺勤天数	缺勤扣款	应发工资	实发工资
4	2		15.04	黄晓	研发	750	260	120	400	3	-75	1530	1455
5	编号	月份		姓名	部门	基本工资	职务工资	地区津贴	奖金	缺勤天数	缺勤扣款	应发工资	实发工资
6	3		15.04	李英	销售	580	180	120	500	5	-96.6667	1380	1283.333
7	编号	月份		姓名	部门	基本工资	职务工资	地区津贴	奖金	缺勤天数	缺勤扣款	应发工资	实发工资
8	4		15.04	王华	生产	800	280	120	450	1	-26.6667	1650	1623.333
9	编号	月份		姓名	部门	基本工资	职务工资	地区津贴	奖金	缺勤天数	缺勤扣款	应发工资	实发工资
10	5		15.04	张强	财务	820	300	120	500	0	0	1740	1740
11	编号	月份		姓名	部门	基本工资	职务工资	地区津贴	奖金	缺勤天数	缺勤扣款	应发工资	实发工资
12	6		15.04	孔明	研发	780	240	120	400	2	-52	1540	1488
13	编号	月份		姓名	部门	基本工资	职务工资	地区津贴	奖金	缺勤天数	缺勤扣款	应发工资	实发工资
14	7		15.04	李恒	生产	680	180	120	350	4	-90.6667	1330	1239.333
15	编号	月份		姓名	部门	基本工资	职务工资	地区津贴	奖金	缺勤天数	缺勤扣款	应发工资	实发工资
16	8		15.04	赵周	销售	600	150	120	350	3	-60	1220	1160

图 5-27　工资条

13. 选定"工资条"工作表数据区域内的任一单元格，单击"数据"选项卡→"排序和筛选"选项组中"筛选"按钮，表头的每个字段名称后将出现一个下拉按钮，单击"编号"字段名称后的下拉按钮，在弹出的下拉列表中选择"数字筛选"→"不等于"选项，弹出"自定义自动筛选方式"对话框，在"编号"下面的下拉列表框中选择"不等于"选项，在其右侧的下拉列表框中选择"编号"选项（见图 5-28），单击"确定"按钮，此时工作表中多余的表头被隐藏起来。

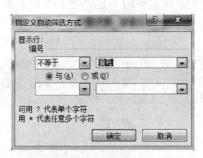

图 5-28　自动筛选设置对话框

14. 在【D17】单元格中输入"合计"，选定【E17】单元格，单击"开始"选项卡→"编辑"选项组→"自动求和"按钮∑，用鼠标选定【E2：E16】单元格区域，按 Enter 键结束，得出基本工资总额。

15. 选定【E17】单元格，将鼠标指针移至该单元格右下方的填充柄上，按住鼠标左键并拖动至【L17】单元格，系统将自动完成求和运算并显示求和结果(见图 5-29)。

	A	B	C	D	E	F	G	H	I	J	K	L
1	编号	月份	姓名	部门	基本工资	职务工资	地区津贴	奖金	缺勤天数	缺勤扣款	应发工资	实发工资
2	1	15.04	刘丽	销售	700	210	120	300	2	-46.6667	1330	1283.333
4	2	15.04	黄晓	研发	750	260	120	400	3	-75	1530	1455
6	3	15.04	李英	销售	580	180	120	500	5	-96.6667	1380	1283.333
8	4	15.04	王华	生产	800	280	120	450	1	-26.6667	1650	1623.333
10	5	15.04	张强	财务	820	300	120	500	0	0	1740	1740
12	6	15.04	孔明	研发	780	240	120	400	2	-52	1540	1488
14	7	15.04	李恒	生产	680	180	120	350	4	-90.6667	1330	1239.333
16	8	15.04	赵周	销售	600	150	120	350	3	-60	1220	1160
17				合计	5710	1800	960	3250	20	-447.667	11720	11272.33

图 5-29　自动求和效果

16. 选择"分类汇总表"工作表，将光标置于"部门"所在列的任一单元格中，单击"数据"选项卡→"排序和筛选"选项组中的 🔼 或 🔽 按钮，对所有数据按部门排序。

17. 单击"数据"选项卡→"分级显示"选项组→"分类汇总"命令，打开"分类汇总对话框"，在"分类字段"中选择"部门"，"汇总方式"中选择"求和"，选中"选定汇总项"中"实发工资"前的复选框，单击"确定"按钮，按部门的汇总结果见图 5-30。

	A	B	C	D	E	F	G	H	I	J	K	L
1	编号	月份	姓名	部门	基本工资	职务工资	地区津贴	奖金	缺勤天数	缺勤扣款	应发工资	实发工资
2	5	15.04	张强	财务	820	300	120	500	0	0	1740	1740
3				财务 汇总								1740
4	4	15.04	王华	生产	800	280	120	450	1	-26.6667	1650	1623.333
5	7	15.04	李恒	生产	680	180	120	350	4	-90.6667	1330	1239.333
6				生产 汇总								2862.667
7	1	15.04	刘丽	销售	700	210	120	300	2	-46.6667	1330	1283.333
8	3	15.04	李英	销售	580	180	120	500	5	-96.6667	1380	1283.333
9	8	15.04	赵周	销售	600	150	120	350	3	-60	1220	1160
10				销售 汇总								3726.667
11	2	15.04	黄晓	研发	750	260	120	400	3	-75	1530	1455
12	6	15.04	孔明	研发	780	240	120	400	2	-52	1540	1488
13				研发 汇总								2943
14				总计								11272.33

图 5-30　分类汇总

18. 选择"图表"工作表，选择数据区域【＄c＄1：＄c＄9，＄e＄1：＄h＄9】。

单击"插入"选项卡→"图表"选项组→"条形图"按钮，在列表中选择"二维条形图"区域中的"堆积条形图"按钮，即可生成相应的图表。

设置图表标题。单击"布局"选项卡→"标签"选项组→"图表标题"下拉按钮，在列表中选择"图表上方"按钮。在生成的文本框中输入图表标题"职工收入比较图"。

设置坐标轴标题。单击"布局"选项卡→"标签"选项组→"坐标轴标题"下拉按钮，在列表中选择"主要横坐标轴标题"里的"坐标轴下方标题"命令。在生成的文本框中输入横坐标标题"职工工资(元)"；单击"布局"选项卡→"标签"选项组→"坐标轴标题"下拉按钮，在列表中选择"主要纵坐标轴标题"里的"竖排标题"命令。在生成的文本框中输入纵坐标标题"职工姓名"。

　　设置在右侧显示图例。单击"布局"选项卡→"标签"选项组→"图例"下拉按钮，在列表中选择"在右侧显示图例"按钮。

　　将图表移动到名为的"工资图表"的工作表中。鼠标单击选中图表，然后选择"设计"选项卡→"位置"选项组→"移动图表"按钮，在打开的"移动图表"对话框中选择"新工作表"单选按钮，并在文本框中输入新工作表的名称为"工资图表"，单击"确定"按钮即可，如图 5-31 所示。

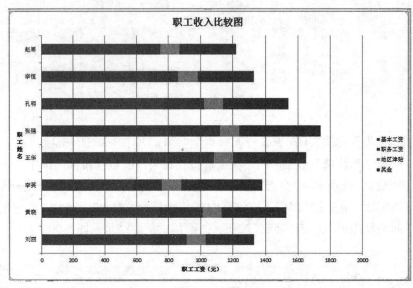

图 5-31　图表

实训任务 5.3　预算财政支出表

实训目的

1. 熟练掌握工作表的修饰。
2. 掌握排序、筛选和分类汇总操作。
3. 掌握数据透视表和图表的制作。

实训内容与要求

　　1. 新建名为"预算财政支出表"的 Excel 文档，在"Sheet1"工作表中并录入如图 5-32 所示内容，并复制到"Sheet2、Sheet3、Sheet4、Sheet5、Sheet6"工作表中，并重命名工作表分别为："预算支出表"、"排序"、"自动筛选"、"高级筛选"、"分类汇总"、"数据透视"。

　　2. 在"预算支出表"工作表中，利用公式计算总支出和平均值。设置格式：将标题行进行合并居中，字体为：黑体，16 号；表头行的字体为：楷体，加粗，14 号；底纹为：绿色；表格内容的字号：12 号，宋体，数字为两位小数形式；将【A3：H10】表格的底纹设置为：茶色，背景 2，深色 25%；"平均值"和"总支出"所在行和列底纹设置为：浅蓝色，字体加粗。并且调整为合适的列宽。

	A	B	C	D	E	F	G	H
1	河北省两地2010-2014年预算财政支出表（万元）							
2	时期	地区	支援农业	经济建设	卫生科学	行政管理	优抚	其它
3	2010	唐山	120.5	118.4	198.8	163.7	50.6	54
4	2010	秦皇岛	183.5	156.9	183.4	153.7	42.6	38
5	2011	秦皇岛	188.5	129.5	137	149.5	56.7	39
6	2011	秦皇岛	153.6	209.6	200.8	183.5	65.9	46.5
7	2012	唐山	213.5	189.4	196.8	234.8	78	52.6
8	2012	唐山	165.3	260	183.6	199.9	76.2	42.1
9	2013	秦皇岛	186.4	213.4	222.4	223.5	68.7	28.9
10	2014	唐山	280	228	256.8	216.7	58	37.6

图 5-32　预算财政支出表数据

3. 将"排序"工作表中，按"地区"递减方式排序，"地区"相同的按"经济建设"递增方式排序。

4. 对"自动筛选"工作表中，筛选出"地区"为"秦皇岛"且"优抚"大于 60 万元的各行。

5. 对"高级筛选"工作表中，筛选出"支援农业"大于 200 或"其他"大于 50 万元的所有记录，从【K12】单元格开始写筛选条件。

6. 对"分类汇总"工作表中的数据分类汇总，以"地区"为分类字段，将"支援农业"、"经济建设"、"卫生科学"、"行政管理"、"优抚"和"其他"进行"求和"分类汇总。

7. 插入图表：在"分类汇总"工作表的分类汇总结果中，以唐山和秦皇岛两地区的"支援农业"、"经济建设"、"卫生科学"、"行政管理"、"优抚"为源数据，建立带数据标记的折线图，在右侧显示图例，图表标题为"河北省两地财政支出表"，"无网格线"，设置纵坐标轴刻度："最小值"为"固定"、"200"，"主要刻度单位"为"固定"、"50"。图表放置【A15：H30】单元格。

8. 插入数据透视表：在"数据透视"工作表中，从【A15】单元格开始创建数据透视表，以"时期"为行标签，以"地区"为列标签，"支援农业"、"经济建设"作为求和项。

🌟 **实训步骤与指导**

1. 新建文档，在"Sheet1"工作表中录入如图 5-32 所示内容。并将其保存名为"预算财政支出表 . xlsx"的文件。

2. 在"Sheet1"工作表中，单击【Ctrl+A】组合键选择全部内容，按【Ctrl+C】组合键复制，分别在"Sheet2、Sheet3、Sheet4、Sheet5、Sheet6"工作表中，按【Ctrl+V】键，完成粘贴。

3. 在"Sheet1"工作表中【I2】单元格录入"总支出"，【A11】单元格录入"平均值"。

4. 求总支出：选中【C3：H3】单元格的内容，单击"开始"选项卡→"编辑"选项组→"自动求和"按钮，在【I3】单元格中，得出求和的结果。单击【I3】单元格右下角的自动填充句柄，拖拽至【I10】单元格。

5. 求平均值：选中【C11】单元格，单击"fx"按钮，弹出"插入函数"对话框，选中"AVERAGE"，单击"确定"按钮，在"Number1"中的折叠按钮中选中【C3：C10】单元格内容(如图 5-33 所示),单击"确定"按钮。同理拖动自动填充句柄至【I11】单元格,结果如图 5-34。

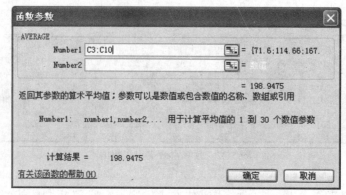

图 5-33　选择要计算的单元格

	A	B	C	D	E	F	G	H	I
1	河北省两地2010-2014年预算财政支出表（万元）								
2	时期	地区	支援农业	经济建设	卫生科学	行政管理	优抚	其它	总支出
3	2010	唐山	120.5	118.4	198.8	163.7	50.6	54	706
4	2010	秦皇岛	183.5	156.9	183.4	153.7	42.6	38	758.1
5	2011	秦皇岛	188.5	129.5	137	149.5	56.7	39	700.2
6	2011	秦皇岛	153.6	209.6	200.8	183.5	65.9	46.5	859.9
7	2012	唐山	213.5	189.4	196.8	234.8	78	52.6	965.1
8	2012	唐山	165.3	260	183.6	199.9	76.2	42.1	927.1
9	2013	秦皇岛	186.4	213.4	222.4	223.5	68.7	28.9	943.3
10	2014	唐山	280	228	256.8	216.7	58	37.6	1077.1
11	平均值		186.4125	188.15	197.45	190.6625	62.0875	42.3375	867.1

图 5-34　计算后的结果

6. 选中【A1：I1】标题行单元格内容,单击"开始"选项卡→"对齐方式"选项组中的"合并及居中"按钮,在"开始"选项卡→"字体"选项组中的字体下拉列表选择"黑体",字号选择"16 号"。

7. 选中【A2：I2】表头行的内容,在"开始"选项卡→"字体"选项组中进行相关设置:楷体,加粗,14 号,绿色底纹。

8. 选中【C3：I11】单元格内容,在"开始"选项卡→"字体"选项组中进行相关设置:12 号,宋体,在"开始"选项卡→"数字"选项组中通过"增加小数位数"按钮和"减少小数位数"按钮设置数字为两位小数形式。

9. 选中【A3：H10】单元格区域,单击"开始"选项卡→"字体"选项组中"填充颜色"右侧的下拉按钮,在打开的颜色板中选择:茶色,背景 2,深色 25%。

10. 选中"平均值"所在行,即【C11：I11】单元格,按"Ctrl"键再选中"总支出"所在列,即【I3：I11】单元格,设置浅蓝色底纹,字体加粗。

11. 在"开始"选项卡→"单元格"选项组中,单击"格式"下侧的下拉按钮,在"单元格大小"区域中选择"自动调整列宽"。设置完格式后,效果如图 5-35 所示。

图 5-35　设置格式效果图

12. 选择"排序"工作表，将光标移至要进行排序的数据区中，单击"数据"选项卡→"排序和筛选"选项组→"排序"命令，打开"排序"对话框，在对话框中的"主要关键字"中选定"地区"，并选中"次序"列的"降序"选项；单击"添加条件"按钮，在"次要关键字"中选定"经济建设"，并选中"次序"列的"升序"选项；单击"确定"按钮。该工作表操作效果如图 5-36 所示。

图 5-36　排序结果

13. 选择"自动筛选"工作表，单击数据区域任意单元格，单击"数据"选项卡→"排序和筛选"选项组→"自动筛选"命令，每一个字段名的右下角均添加了一个"下拉列表"按钮；单击"地区"的下拉列表，单击"全选"复选框，再单击"秦皇岛"复选框，设置完毕单击"确定"按钮；单击"优抚"的下拉列表，选择"数据筛选"→"大于"，弹出"自定义自动筛选"对话框，选择"大于"，在右侧文本框中输入"60"，单击"确定"按钮。筛选结果如图 5-37。

图 5-37　筛选结果

14. 选择"高级筛选"工作表，将"支援农业"、"其他"字段名分别复制到【K12】、【L12】单元格中，在【K13】单元格中，录入">200"，在【L14】单元格，录入">50"，建立条件区域，如图 5-38。将光标定位到数据区域，执行"数据"选项卡→"排序和筛选"选项组→"高级"命令，弹出"高级筛选"对话框，选中"在原有区域显示筛选结果"前的单选按钮；单击"列表区域"后的折叠按钮，选择相应的数据区域，再单击展开按钮；单击"条件区域"后的折叠按钮，选中条件区域【K12：L14】，再单击展开按钮，如图 5-39。设置完毕后单击"确定"按钮，完成高级筛选，效果如图 5-40。

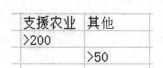

图 5-38　条件区域　　　　　　　　　图 5-39　高级筛选

	A	B	C	D	E	F	G	H
1	河北省两地2010-2014年预算财政支出表（万元）							
2	时期	地区	支援农业	经济建设	卫生科学	行政管理	优抚	其它
3	2010	唐山	120.5	118.4	198.8	163.7	50.6	54
7	2012	唐山	213.5	189.4	196.8	234.8	78	52.6
10	2014	唐山	280	228	256.8	216.7	58	37.6

图 5-40　高级筛选效果

15. 选择"分类汇总"工作表，选择【B2】单元格，单击"数据"选项卡→"排序和筛选"选项组中的 ᢔᢕ 或 ᢕᢔ 按钮，对所有数据按地区排序。单击"数据"选项卡→"分级显示"选项组→"分类汇总"命令，打开"分类汇总"对话框，在"分类字段"中选择"地区"，"汇总方式"中选择"求和"，选定汇总项设置为"支援农业"、"经济建设"、"卫生科学"、"行政管理"、"优抚"和"其他"（如图 5-41），单击"确定"按钮，其效果如图 5-42。

图 5-41　【分类汇总】对话框

1 2 3	A	B	C	D	E	F	G	H
1	河北省两地2010-2014年预算财政支出表（万元）							
2	时期	地区	支援农业	经济建设	卫生科学	行政管理	优抚	其它
3	2010	秦皇岛	183.5	156.9	183.4	153.7	42.6	38
4	2011	秦皇岛	188.5	129.5	137	149.5	56.7	39
5	2011	秦皇岛	153.6	209.6	200.8	183.5	65.9	46.5
6	2013	秦皇岛	186.4	213.4	222.4	223.5	68.7	28.9
7		秦皇岛 汇总	712	709.4	743.6	710.2	233.9	152.4
8	2010	唐山	120.5	118.4	198.6	163.7	50.6	54
9	2012	唐山	213.5	189.4	196.8	234.8	78	52.6
10	2012	唐山	165.3	260	183.6	199.9	76.2	42.1
11	2014	唐山	280	228	256.8	216.7	58	37.6
12		唐山 汇总	779.3	795.8	836	815.1	262.8	186.3
13		总计	1491.3	1505.2	1579.6	1525.3	496.7	338.7

图 5-42　【分类汇总】结果

16. 在分类汇总后结果基础上，插入图表。折叠各地区的详细数据，只显示汇总项，如图 5-43 所示。选择"分类汇总"工作表中制表所需的数据源【B2：G12】区域，单击"插入"选项卡→"图表"选项组→"折线图"按钮，在列表中选择"二维折线图"区域中的"带数据标记的折线图"按钮。

1 2 3	A	B	C	D	E	F	G	H
1	河北省两地2010-2014年预算财政支出表（万元）							
2	时期	地区	支援农业	经济建设	卫生科学	行政管理	优抚	其它
7		秦皇岛 汇总	712	709.4	743.6	710.2	233.9	152.4
12		唐山 汇总	779.3	795.8	836	815.1	262.8	186.3
13		总计	1491.3	1505.2	1579.6	1525.3	496.7	338.7
14								

图 5-43　图表数据源

单击"布局"选项卡→"标签"选项组→"图例"下拉按钮，在列表中选择"在右侧显示图例"按钮。

单击"布局"选项卡→"标签"选项组→"图表标题"下拉按钮，在列表中选择"图表上方"按钮。在生成的文本框中输入图表标题"河北省两地财政支出表"。

单击"布局"选项卡→"坐标轴"选项组→"网格线"下拉按钮，在列表中选择"主要横网格线"里的"无"命令。

单击"布局"选项卡→"坐标轴"选项组→"坐标轴"下拉按钮，在列表中选择"主要纵坐标轴"里的"其他主要纵坐标轴选项"命令，弹出"设置坐标轴格式"对话框，单击"坐标轴选项"选项卡，设置"最小值"为"固定"、"200"；"主要刻度单位"为"固定"、"50"，如图 5-44，单击"关闭"按钮。

17. 单击图表，将图表大小拉到【A15：H30】单元格区域，图表效果如图 5-45 所示。

18. 在"数据透视表"工作表中创建数据透视表。将光标定位到数据清单中，点击"插入"选项卡"表格"选项组中的"数据透视表"按钮，打开"创建数据透视表"对话框→设置"表/区域"（即数据源）并选择放置数据透视表的位置【A15】→点击"确定"按钮，然后在打开的"数据透视表字段列表"对话框中，将"时期"字段拖动到"行标签"区域、将"地区"字段拖动到"列标签"区域，将"支援农业"、"经济建设"字段拖动到"数值"区域，最后关闭"数据透视表字段列表"对话框，完成透视表，结果如图 5-46 所示。

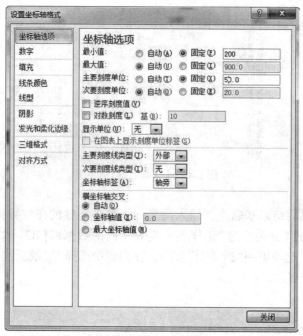

图 5-44　改变 Y 轴刻度

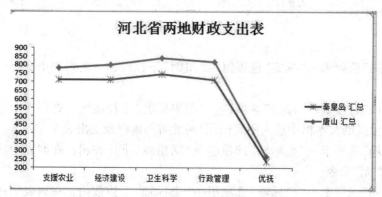

图 5-45　图表效果

列标签					
秦皇岛		唐山		求和项:支援农业汇总	求和项:经济建设汇总
行标签	求和项:支援农业	求和项:经济建设	求和项:支援农业	求和项:经济建设		
2010	183.5	156.9	120.5	118.4	304	275.3
2011	342.1	339.1			342.1	339.1
2012			378.8	449.4	378.8	449.4
2013	186.4	213.4			186.4	213.4
2014			280	228	280	228
总计	712	709.4	779.3	795.8	1491.3	1505.2

图 5-46　数据透视表结果

项目 6　PowerPoint 2010 演示文稿应用

项 目 目 标

转眼又到年终，请你根据给定的资料准备一份年终总结报告的 PPT 文稿。

该项目实训包括 2 个实训任务：

1. 制作演示文稿基本内容。

2. 设置演示文稿的放映动作。

该项目是计算机应用基础的重要内容之一，通过实训能熟练完成演示文稿制作的相关工作任务，包括会使用 PowerPoint 2010 演示文稿处理软件创建和编辑演示文稿，学会在演示文稿中使用超链接、图表、声音、动画等，并设置相应的版面和背景，定义演示文稿的播放效果等。

☞ **知识目标**

1. 了解 PowerPoint 2010 的概念，制定幻灯片的配色方案。

2. 掌握文稿页面设置方法，会添加和编辑幻灯片的背景。

3. 掌握在文稿中插入图片、表格等方法，并能进行相应设置。

4. 掌握使用不同的视图浏览演示文稿的方法。

5. 掌握设置幻灯片自定义动画的方法。

6. 掌握幻灯片的切换方式。

☞ **技能目标**

1. 熟练制作 PowerPoint 演示文稿。

2. 熟练掌握演示文稿中图、文、表混排的制作方法。

3. 熟练掌握演示文稿中幻灯片的动态演示效果的设置方法。

4. 培养一定的职业意识和职业道德。

知识及技能要点

☞ **基本知识**

1. 演示文稿、幻灯片概念。

2. 幻灯片的多种视图。

3. 幻灯片版式。

4. 幻灯片母版。

5. 幻灯片放映方式。

☞ **基本技能**

1. 输入和编辑幻灯片内容。

2. 插入多媒体文件(如视频、声音等)。

3. 设置幻灯片的背景。

4. 设置幻灯片的自定义动画。

5. 设置幻灯片的切换方式。

实训任务 6.1 制作"年终总结"演示文稿

实训目的

1. 掌握演示文稿的创建、打开、保存和关闭等方法。

2. 熟练编辑演示文稿。

3. 在文稿中插入图形、表格,并能对图形、表格的格式、属性进行设置。

实训内容与要求

按照以下要求制作"年终总结"演示文稿:

1. 颜色搭配合理。

2. 文字格式整洁。

3. 适当运用图片、图表。

4. 适当运用声音、视频。

实训步骤与指导

1. 启动 PowerPoint,新建一个空白演示文稿。

2. 制作标题幻灯片。

(1)输入标题:"网联公司 2014 年度总结"。

(2)在标题幻灯片合适位置,输入图片、声音。

要求:自己设图片相应格式,并将标题与图片调整到幻灯片的适当位置。如图 6-1
所示:

3. 插入第二张目录幻灯片,版式为"标题和内容"。

(1)输入标题与文本,并修改项目符号。

(2)设置适当的字体颜色和文字效果,可使用艺术字、阴影等多种效果。

(3)设置适当的图片位置,如图 6-2 所示。

4. 插入第三张幻灯片"背景分析",版式为"空白"。

(1)输入标题:2014 年背景分析。

(2)运用给定模板,在合适位置输入文本:

"1. 路由销售部所辖市场客户积极性及对本品忠诚度不高,大客户对本品反映不佳。

2. 末端没有拉力,大多数客户限于经营小规模思路。

3. 市场竞争激烈,恶性价格战明显。团队重组,合力加强。"

如图 6-3 所示。

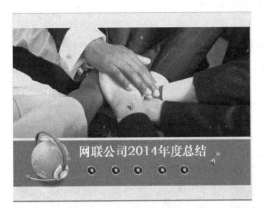

图 6-1　"年终总结"标题幻灯片

图 6-2　"年终总结"目录幻灯片

5. 插入第四张幻灯片"主要工作",版式为"标题和内容"。

(1)输入标题:主要工作。

(2)使用给定模板,输入相应内容如下:

"团队建设:团队执行力,专业技能培训,观念提升,合力加强。

产品合力建设:部分市场加强产品结构调整,多层面抢占市场份额。

核心产品培养:单品突破,竞品搏击。

织网计划:盘点重点市场通路,执行"三百行动",分级操作。

网点重组:责任到人,盘点经销商;分级管理,建立热点市场。

团队建设:团队执行力,专业技能培训,观念提升,合力加强。"

(3)调整标题和内容的字体格式和位置,如图 6-4 所示。

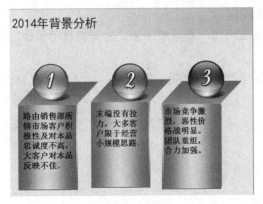

图 6-3　"背景分析"幻灯片

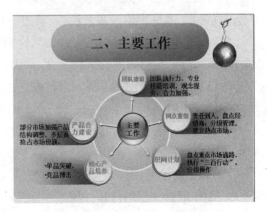

图 6-4　"主要工作"幻灯片

6. 插入第五张幻灯片"2014 年目标达成"，版式为"空白"。

（1）插入内容"2013 年整体销售 691 万元，2014 年整体销售 1756 万元，同比增长 154%；具体分月达成明细如下："并自己设置字体的格式。

（2）插入图片和图表，并调整图片大小和位置。如图 6-5 所示。

7. 插入第六张幻灯片"突破点，"使用指定模板。

（1）插入内容"网联 10 年，与你一起不断成长！明天，网联因你更加精彩！"

（2）插入内容"学习层面   个人管理能力的加强；组织层面   团队整体作战力的提高；客户层面   客户的盘点与改良开发；产品层面   产品的盘点与优化组合；市场层面   市场的稳定与分级管理"。

（3）调整文字和图片至合适效果。如图 6-6 所示。

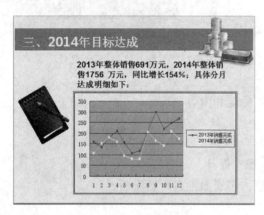

图 6-5   "2014 年目标达成"幻灯片

图 6-6   "突破点"幻灯片

8. 插入第 8 张幻灯片"差距"，使用指定模板。

（1）插入内容：

"横向比：产品销量   （较小，市场影响力不大）；产品结构（略占优势）；区域结构（不占优势）；品牌形象、知名度(有待进一步提高)。

纵向比：政策制定：产品尤其是低价面的品质问题对重点市场建设的支持政策欠缺。

政策执行：执行力度打折扣。

人员素质：开拓创新思维能力较差，不太注重学习，经验主义严重，思维行为机械，市场操作方式单一。

网络现状：现有经销商实力不是很强，网络不够健全，意识陈旧，方法过于简单；品牌形象有待改善。"

（2）调整文字和图片至合适效果。如图 6-7 所示。

9. 制作最后一张幻灯片，如图 6-8 所示。

10. 保存演示文稿，名为"年度总结 .ppt"。

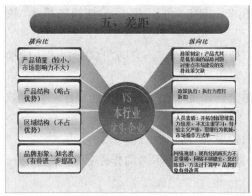

图6-7 "差距"幻灯片　　　　　　　　　图6-8 "结束语"幻灯片

 小技巧

1. PPT 设计的重要原则是"简洁即美",一张幻灯片突出一个主题、精炼出关键词。

2. 色彩反差要鲜明,字体要大,同时借助图表工具。

3. 逻辑结构要清晰,设计好开头和结尾,格式应该一致,配色原则上不超过4种。

实训任务6.2　优化"年终总结"

实训目的

在实训任务6.1的基础上,添加动画效果。

1. 能插入多媒体文件(如视频、声音等)。

2. 能设置配色方案。

3. 能设置图片及文字的自定义动画效果。

4. 能设置幻灯片的放映效果。

实训内容与要求

1. 在原有幻灯片基础上添加合适的动画效果。

2. 添加幻灯片的切换效果。

3. 播放幻灯片。

实训步骤与指导

1. 在首张幻灯片上,设置音频的播放效果为"自动","循环播放,直到停止"。设置"网联公司2014年度总结"标题的动画效果为"强调"→"放大/缩小"。切换效果为"揭开"。

2. 设置"目录"幻灯片中的，文字动画为"擦除"，方向"自底向上"。切换效果为"覆盖"。

3. 设置"2014 年背景分析"幻灯片文字动画，样式为"飞入"，方向"自底向上"。切换效果为"时钟"。

4. 设置"主要工作"幻灯片中，五项工作标题分别添加动画效果，依次显示。切换效果为"推进"。

5. 设置"2014 年目标达成"幻灯片中图表动画效果为"淡出"。

6. 设置"突破点"幻灯片中"绿叶"图片动画效果，依次使用"动作路径"→"直线"，"靠左"。

7. 设置"差距"幻灯片中，将"横向比"列和"纵向比"列分别组合后，设置"擦除"，"向下"的动画效果。

8. 选择"结束语"幻灯片，设置合适动画效果。

9. 保存后，浏览并播放幻灯片。

 小技巧

1. 一个好的 PPT 必定是动静结合的产物。

2. 动画不在多，贵在需要。

3. 活用模板可大大提高制作效率。

全国计算机等级考试一级 MS Office 模拟选择题

第 1 套

1. 世界上第一台电子计算机名叫_____。

    A)EDVAC   B)ENIAC   C)EDSAC   D)MARK-II

2. 个人计算机属于_____。

    A)小型计算机   B)巨型机算机   C)大型主机   D)微型计算机

3. 计算机辅助教育的英文缩写是_____。

    A)CAD   B)CAE   C)CAM   D)CAI

4. 在计算机术语中，bit 的中文含义是_____。

    A)位   B)字节   C)字   D)字长

5. 二进制数 00111101 转换成十进制数是_____。

    A)58   B)59   C)61   D)65

6. 微型计算机普遍采用的字符编码是_____。

    A)原码   B)补码   C)ASCII 码   D)汉字编码

7. 标准 ASCII 码字符集共有_____个编码。

    A)128   B)256   C)34   D)94

8. 微型计算机主机的主要组成部分有_____。

    A)运算器和控制器   B)CPU 和硬盘   C)CPU 和显示器   D)CPU 和内存储器

9. 通常用 MIPS 为单位来衡量计算机的性能，它指的是计算机的_____。

    A)传输速率   B)存储容量   C)字长   D)运算速度

10. DRAM 存储器的中文含义是_____。

    A)静态随机存储器   B)动态随机存储器

    C)动态只读存储器   D)静态只读存储器

11. SRAM 存储器是_____。

    A)静态只读存储器   B)静态随机存储器

    C)动态只读存储器   D)动态随机存储器

12. 下列关于存储的叙述中，正确的是_____。

    A)CPU 能直接访问存储在内存中的数据，也能直接访问存储在外存中的数据

    B)CPU 不能直接访问存储在内存中的数据，能直接访问存储在外存中的数据

C)CPU 只能直接访问存储在内存中的数据，不能直接访问存储在外存中的数据

D)CPU 既不能直接访问存储在内存中的数据，也不能直接访问存储在外存中的数据

13. 通常所说的 I/O 设备是指_____。

A)输入输出设备　　B)通信设备　　　C)网络设备　　　D)控制设备

14. 下列各组设备中，全部属于输入设备的一组是_____。

A)键盘、磁盘和打印机　　　　　　B)键盘、扫描仪和鼠标

C)键盘、鼠标和显示器　　　　　　D)硬盘、打印机和键盘

15. 操作系统的功能是_____。

A)将源程序编译成目标程序

B)负责诊断计算机的故障

C)控制和管理计算机系统的各种硬件和软件资源的使用

D)负责外设与主机之间的信息交换

16. 将高级语言编写的程序翻译成机器语言程序，采用的两种翻译方法是_____。

A)编译和解释　　B)编译和汇编　　C)编译和连接　　D)解释和汇编

17. 下列选项中，不属于计算机病毒特征的是_____。

A)破坏性　　　B)潜伏性　　　C)传染性　　　D)免疫性

18. 下列不属于网络拓扑结构形式的是_____。

A)星型　　　B)环型　　　C)总线型　　　D)分支型

19. 调制解调器的功能是_____。

A)将数字信号转换成模拟信号

B)将模拟信号转换成数字信号

C)将数字信号转换成其他信号

D)在数字信号与模拟信号之间进行转换

20. 下列关于使用 FTP 下载文件的说法中错误的是_____。

A)FTP 即文件传输协议

B)使用 FTP 协议在因特网上传输文件，这两台计算必须使用同样的操作系统

C)可以使用专用的 FTP 客户端下载文件

D)FTP 使用客户/服务器模式工作

1	2	3	4	5	6	7	8	9	10

11	12	13	14	15	16	17	18	19	20

第 2 套

1. 计算机采用的主机电子器件的发展顺序是_____。

    A) 晶体管、电子管、中小规模集成电路、大规模和超大规模集成电路

    B) 电子管、晶体管、中小规模集成电路、大规模和超大规模集成电路

    C) 晶体管、电子管、集成电路、芯片

    D) 电子管、晶体管、集成电路、芯片

2. 专门为某种用途而设计的计算机，称为_____计算机。

    A) 专用　　　　　　B) 通用　　　　　　C) 特殊　　　　　　D) 模拟

3. CAM 的含义是_____。

    A) 计算机辅助设计　　　　　　　　B) 计算机辅助教学

    C) 计算机辅助制造　　　　　　　　D) 计算机辅助测试

4. 下列描述中不正确的是_____。

    A) 多媒体技术最主要的两个特点是集成性和交互性

    B) 所有计算机的字长都是固定不变的，都是 8 位

    C) 计算机的存储容量是计算机的性能指标之一

    D) 各种高级语言的编译系统都属于系统软件

5. 将十进制 257 转换成十六进制数是_____。

    A) 11　　　　　　　B) 101　　　　　　C) F1　　　　　　　D) FF

6. 下面不是汉字输入码的是_____。

    A) 五笔字型码　　　B) 全拼编码　　　　C) 双拼编码　　　　D) ASCII 码

7. 计算机系统由_____组成。

    A) 主机和显示器　　　　　　　　　B) 微处理器和软件

    C) 硬件系统和应用软件　　　　　　D) 硬件系统和软件系统

8. 计算机运算部件一次能同时处理的二进制数据的位数称为_____。

    A) 位　　　　　　　B) 字节　　　　　　C) 字长　　　　　　D) 波特

9. 下列关于硬盘的说法错误的是_____。

    A) 硬盘中的数据断电后不会丢失

    B) 每个计算机主机有且只能有一块硬盘

    C) 硬盘可以进行格式化处理

    D) CPU 不能够直接访问硬盘中的数据

10. 半导体只读存储器（ROM）与半导体随机存取存储器（RAM）的主要区别在于_____。

    A) ROM 可以永久保存信息，RAM 在断电后信息会丢失

    B) ROM 断电后，信息会丢失，RAM 则不会

    C) ROM 是内存储器，RAM 是外存储器

    D) RAM 是内存储器，ROM 是外存储器

11. _____是系统部件之间传送信息的公共通道，各部件由总线连接并通过它传递数据和控制信号。

    A)总线   B)I/O 接口   C)电缆   D)扁缆

12. 计算机系统采用总线结构对存储器和外设进行协调。总线主要由_____ 3 部分组成。

    A)数据总线、地址总线和控制总线

    B)输入总线、输出总线和控制总线

    C)外部总线、内部总线和中枢总线

    D)通信总线、接收总线和发送总线

13. 计算机软件系统包括_____。

    A)系统软件和应用软件

    B)程序及其相关数据

    C)数据库及其管理软件

    D)编译系统和应用软件

14. 计算机硬件能够直接识别和执行的语言是_____。

    A)C 语言   B)汇编语言   C)机器语言   D)符号语言

15. 计算机病毒破坏的主要对象是_____。

    A)优盘   B)磁盘驱动器   C)CPU   D)程序和数据

16. 下列有关计算机网络的说法错误的是_____。

    A)组成计算机网络的计算机设备是分布在不同地理位置的多台独立的"自治计算机"

    B)共享资源包括硬件资源和软件资源以及数据信息

    C)计算机网络提供资源共享的功能

    D)计算机网络中，每台计算机核心的基本部件，如 CPU、系统总线、网络接口等都要求存在，但不一定独立

17. 下列有关 Internet 的叙述中，错误的是_____。

    A)万维网就是因特网

    B)因特网上提供了多种信息

    C)因特网是计算机网络的网络

    D)因特网是国际计算机互联网

18. Internet 是覆盖全球的大型互联网络，用于链接多个远程网和局域网的互联设备主要是_____。

    A)路由器   B)主机   C)网桥   D)防火墙

19. 因特网上的服务都是基于某一种协议的，Web 服务是基于_____。

    A)SMTP 协议   B)SNMP 协议   C)HTTP 协议   D)TELNET 协议

20. IE 浏览器收藏夹的作用是_____。

    A)收集感兴趣的页面地址   B)记忆感兴趣的页面的内容

    C)收集感兴趣的文件内容   D)收集感兴趣的文件名

1	2	3	4	5	6	7	8	9	10
11	12	13	14	15	16	17	18	19	20

第 3 套

1. 世界上第一台电子计算机诞生于_____年。
   A) 1952　　　　B) 1946　　　　C) 1939　　　　D) 1958

2. 计算机的发展趋势是_____、微型化、网络化和智能化。
   A) 大型化　　　B) 小型化　　　C) 精巧化　　　D) 巨型化

3. 核爆炸和地震灾害之类的仿真模拟，其应用领域是_____。
   A) 计算机辅助　　B) 科学计算　　C) 数据处理　　D) 实时控制

4. 下列关于计算机的主要特性，叙述错误的有_____。
   A) 处理速度快，计算精度高
   B) 存储容量大
   C) 逻辑判断能力一般
   D) 网络和通信功能强

5. 二进制数 110000 转换成十六进制数是_____。
   A) 77　　　　　B) D7　　　　　C) 70　　　　　D) 30

6. 在计算机内部对汉字进行存储、处理和传输的汉字编码是_____。
   A) 汉字信息交换码　　　　B) 汉字输入码
   C) 汉字内码　　　　　　　D) 汉字字形码

7. 奔腾(Pentium)是_____公司生产的一种 CPU 的型号。
   A) IBM　　　　B) Microsoft　　C) Intel　　　　D) AMD

8. 下列不属于微型计算机的技术指标的一项是_____。
   A) 字节　　　　B) 时钟主频　　C) 运算速度　　D) 存取周期

9. 微机中访问速度最快的存储器是_____。
   A) CD-ROM　　B) 硬盘　　　　C) U 盘　　　　D) 内存

10. 在微型计算机技术中，通过系统_____把 CPU、存储器、输入设备和输出设备连接起来，实现信息交换。
   A) 总线　　　　B) I/O 接口　　C) 电缆　　　　D) 通道

11. 计算机最主要的工作特点是_____。
   A) 有记忆能力　　　　　B) 高精度与高速度
   C) 可靠性与可用性　　　D) 存储程序与自动控制

12. Word 字处理软件属于_____。

    A) 管理软件   B) 网络软件   C) 应用软件   D) 系统软件

13. 在下列叙述中，正确的选项是_____。

    A) 用高级语言编写的程序称为源程序

    B) 计算机直接识别并执行的是汇编语言编写的程序

    C) 机器语言编写的程序需编译和链接后才能执行

    D) 机器语言编写的程序具有良好的可移植性

14. 以下关于流媒体技术的说法中，错误的是_____。

    A) 实现流媒体需要合适的缓存   B) 媒体文件全部下载完成才可以播放

    C) 流媒体可用于在线直播等方面   D) 流媒体格式包括 asf、rm、ra 等

15. 计算机病毒实质上是_____。

    A) 一些微生物   B) 一类化学物质   C) 操作者的幻觉   D) 一段程序

16. 计算机网络最突出的优点是_____。

    A) 运算速度快   B) 存储容量大   C) 运算容量大   D) 可以实现资源共享

17. 因特网属于_____。

    A) 万维网   B) 广域网   C) 城域网   D) 局域网

18. 在一间办公室内要实现所有计算机联网，一般应选择_____网。

    A) GAN   B) MAN   C) LAN   D) WAN

19. 所有与 Internet 相连接的计算机必须遵守的一个共同协议是_____。

    A) http   B) IEEE 802.11   C) TCP/IP   D) IPX

20. 下列 URL 的表示方法中，正确的是_____。

    A) http：//www. microsoft. com/index. html

    B) http：\ www. microsoft. com/index. html

    C) http：//www. microsoft. com \ index. html

    D) http：www. microsoft. com/index. htmp

1	2	3	4	5	6	7	8	9	10
11	12	13	14	15	16	17	18	19	20

第 4 套

1. 下面四条常用术语的叙述中，有错误的是_____。

    A) 光标是显示屏上指示位置的标志

    B) 汇编语言是一种面向机器的低级程序设计语言，用汇编语言编写的程序计算机

　能直接执行

　　C）总线是计算机系统中各部件之间传输信息的公共通路

　　D）读写磁头是既能从磁表面存储器读出信息又能把信息写入磁表面存储器的装置

2. 下面设备中，既能向主机输入数据又能接收由主机输出数据的设置是_____。

　　A）CD-ROM　　　　B）显示器　　　　C）软磁盘存储器　　D）光笔

3. 执行二进制算术加运算盘 11001001+00100111 其运算结果是_____。

　　A）11101111　　　B）11110000　　　C）00000001　　　D）10100010

4. 在十六进制数 CD 等值的十进制数是_____。

　　A）204　　　　　　B）205　　　　　　C）206　　　　　　D）203

5. 微型计算机硬件系统中最核心的部位是_____。

　　A）主板　　　　　　B）CPU　　　　　　C）内存储器　　　D）I/O 设备

6. 微型计算机的主机包括_____。

　　A）运算器和控制器　　　　　　B）CPU 和内存储器

　　C）CPU 和 UPS　　　　　　　　D）UPS 和内存储器

7. 计算机能直接识别和执行的语言是_____。

　　A）机器语言　　　B）高级语言　　　C）汇编语言　　　D）数据库语言

8. 微型计算机，控制器的基本功能是_____。

　　A）进行计算运算和逻辑运算

　　B）存储各种控制信息

　　C）保持各种控制状态

　　D）控制机器各个部件协调一致地工作

9. 与十进制数 254 等值的二进制数是_____。

　　A）11111110　　　B）11101111　　　C）11111011　　　D）11101110

10. 微型计算机存储系统中，PROM 是_____。

　　A）可读写存储器　　　　　　　　B）动态随机存储器

　　C）只读存储器　　　　　　　　　D）可编程只读存储器

11. 执行二进制逻辑乘运算（即逻辑与运算）01011001 ∧ 10100111 其运算结果是_____。

　　A）00000000　　　B）1111111　　　C）00000001　　　D）1111110

12. 下列几种存储器，存取周期最短的是_____。

　　A）内存储器　　　B）光盘存储器　　C）硬盘存储器　　D）软盘存储器

13. 在微型计算机内存储器中不能用指令修改其存储内容的部分是_____。

　　A）RAM　　　　　B）DRAM　　　　C）ROM　　　　　D）SRAM

14. 计算机病毒是指_____。

　　A）编制有错误的计算机程序

　　B）设计不完善的计算机程序

　　C）已被破坏的计算机程序

　　D）以危害系统为目的的特殊计算机程序

15. CPU 中有一个程序计数器(又称指令计数器)，它用于存储_____。

    A)正在执行的指令的内容

    B)下一条要执行的指令的内容

    C)正在执行的指令的内存地址

    D)下一条要执行的指令的内存地址

16. 下列四个无符号十进制整数中，能用八个进制位表示的是_____。

    A)257   B)201   C)313   D)296

17. 下列关于系统软件的四条叙述中，正确的一条是_____。

    A)系统软件与具体应用领域无关

    B)系统软件与具体硬件逻辑功能无关

    C)系统软件是在应用软件基础上开发的

    D)系统软件并不是具体提供人机界面

18. 下列术语中，属于显示器性能指标的是_____。

    A)速度   B)可靠性   C)分辨率   D)精度

19. 下列字符中，其 ASCII 码值最大的是_____。

    A)9   B)D   C)a   D)y

20. 下列四条叙述中，正确的一条是_____。

    A)假若 CPU 向外输出 20 位地址，则它能直接访问的存储空间可达 1MB

    B)CP 机在使用过程中突然断电，SRAM 中存储的信息不会丢失

    C)PC 机在使用过程中突然断电，DRAM 中存储的信息不会丢失

    D)外存储器中的信息可以直接被 CPU 处理

1	2	3	4	5	6	7	8	9	10
11	12	13	14	15	16	17	18	19	20

第 5 套

1. 世界上第一台电子计算机名叫_____。

    A)EDVAC   B)ENIAC   C)EDSAC   D)MARK-II

2. 个人计算机属于_____。

    A)小型计算机   B)巨型机算机   C)大型主机   D)微型计算机

3. 计算机辅助教育的英文缩写是_____。

    A)CAD   B)CAE   C)CAM   D)CAI

4. 在计算机术语中，bit 的中文含义是_____。

A)位   B)字节   C)字   D)字长

5. 二进制数 00111101 转换成十进制数是_____。

    A)58   B)59   C)61   D)65

6. 微型计算机普遍采用的字符编码是_____。

    A)原码   B)补码   C)ASCII 码   D)汉字编码

7. 标准 ASCII 码字符集共有_____个编码。

    A)128   B)256   C)34   D)94

8. 微型计算机主机的主要组成部分有_____。

    A)运算器和控制器   B)CPU 和硬盘

    C)CPU 和显示器   D)CPU 和内存储器

9. 通常用 MIPS 为单位来衡量计算机的性能，它指的是计算机的_____。

    A)传输速率   B)存储容量   C)字长   D)运算速度

10. DRAM 存储器的中文含义是_____。

    A)静态随机存储器   B)动态随机存储器

    C)动态只读存储器   D)静态只读存储器

11. SRAM 存储器是_____。

    A)静态只读存储器   B)静态随机存储器

    C)动态只读存储器   D)动态随机存储器

12. 下列关于存储的叙述中，正确的是_____。

    A)CPU 能直接访问存储在内存中的数据，也能直接访问存储在外存中的数据

    B)CPU 不能直接访问存储在内存中的数据，能直接访问存储在外存中的数据

    C)CPU 只能直接访问存储在内存中的数据，不能直接访问存储在外存中的数据

    D)CPU 既不能直接访问存储在内存中的数据，也不能直接访问存储在外存中的数据

13. 通常所说的 I/O 设备是指_____。

    A)输入输出设备   B)通信设备   C)网络设备   D)控制设备

14. 下列各组设备中，全部属于输入设备的一组是_____。

    A)键盘、磁盘和打印机   B)键盘、扫描仪和鼠标

    C)键盘、鼠标和显示器   D)硬盘、打印机和键盘

15. 操作系统的功能是_____。

    A)将源程序编译成目标程序

    B)负责诊断计算机的故障

    C)控制和管理计算机系统的各种硬件和软件资源的使用

    D)负责外设与主机之间的信息交换

16. 将高级语言编写的程序翻译成机器语言程序，采用的两种翻译方法是_____。

    A)编译和解释   B)编译和汇编   C)编译和连接   D)解释和汇编

17. 下列选项中，不属于计算机病毒特征的是_____。

    A)破坏性   B)潜伏性   C)传染性   D)免疫性

18. 下列不属于网络拓扑结构形式的是_____。

    A)星型   B)环型   C)总线型   D)分支型

19. 调制解调器的功能是_____。

    A)将数字信号转换成模拟信号

    B)将模拟信号转换成数字信号

    C)将数字信号转换成其他信号

    D)在数字信号与模拟信号之间进行转换

20. 下列关于使用 FTP 下载文件的说法中错误的是_____。

    A)FTP 即文件传输协议

    B)使用 FTP 协议在因特网上传输文件，这两台计算必须使用同样的操作系统

    C)可以使用专用的 FTP 客户端下载文件

    D)FTP 使用客户/服务器模式工作

1	2	3	4	5	6	7	8	9	10

11	12	13	14	15	16	17	18	19	20

第 6 套

1. 下列不属于第二代计算机特点的一项是_____。

    A)采用电子管作为逻辑元件

    B)运算速度为每秒几万~几十万条指令

    C)内存主要采用磁芯

    D)外存储器主要采用磁盘和磁带

2. 下列有关计算机的新技术的说法中，错误的是_____。

    A)嵌入式技术是将计算机作为一个信息处理部件，嵌入到应用系统中的一种技术，也就是说，它将软件固化集成到硬件系统中，将硬件系统与软件系统一体化

    B)网格计算利用互联网把分散在不同地理位置的电脑组织成一个"虚拟的超级计算机"

    C)网格计算技术能够提供资源共享，实现应用程序的互连互通，网格计算与计算机网络是一回事

    D)中间件是介于应用软件和操作系统之间的系统软件

3. 计算机辅助设计的简称是_____。

    A)CAT   B)CAM   C)CAI   D)CAD

4. 下列有关信息和数据的说法中，错误的是_____。

A）数据是信息的载体

B）数值、文字、语言、图形、图像等都是不同形式的数据

C）数据处理之后产生的结果为信息，信息有意义，数据没有

D）数据具有针对性、时效性

5. 十进制数 100 转换成二进制数是_____。

　A）01100100　　　B）01100101　　　C）01100110　　　D）01101000

6. 在下列各种编码中，每个字节最高位均是"1"的是_____。

　A）外码　　　B）汉字机内码　　　C）汉字国标码　　　D）ASCII 码

7. 一般计算机硬件系统的主要组成部件有五大部分，下列选项中不属于这五部分的是_____。

　A）输入设备和输出设备　　　　B）软件

　C）运算器　　　　　　　　　　D）控制器

8. 下列选项中不属于计算机的主要技术指标的是_____。

　A）字长　　　B）存储容量　　　C）重量　　　D）时钟主频

9. RAM 具有的特点是_____。

　A）海量存储

　B）存储在其中的信息可以永久保存

　C）一旦断电，存储在其上的信息将全部消失且无法恢复

　D）存储在其中的数据不能改写

10. 下面四种存储器中，属于数据易失性的存储器是_____。

　A）RAM　　　B）ROM　　　C）PROM　　　D）CD-ROM

11. 下列有关计算机结构的叙述中，错误的是_____。

　A）最早的计算机基本上采用直接连接的方式，冯·诺依曼研制的计算机 IAS，基本上就采用了直接连接的结构

　B）直接连接方式连接速度快，而且易于扩展

　C）数据总线的位数，通常与 CPU 的位数相对应

　D）现代计算机普遍采用总线结构

12. 下列有关总线和主板的叙述中，错误的是_____。

　A）外设可以直接挂在总线上

　B）总线体现在硬件上就是计算机主板

　C）主板上配有插 CPU、内存条、显示卡等的各类扩展槽或接口，而光盘驱动器和硬盘驱动器则通过扁缆与主板相连

　D）在电脑维修中，把 CPU、主板、内存、显卡加上电源所组成的系统叫最小化系统

13. 有关计算机软件，下列说法错误的是_____。

　A）操作系统的种类繁多，按照其功能和特性可分为批处理操作系统、分时操作系统和实时操作系统等；按照同时管理用户数的多少分为单用户操作系统和多用户操作系统

B）操作系统提供了一个软件运行的环境，是最重要的系统软件

C）Microsoft Office 软件是 Windows 环境下的办公软件，但它并不能用于其他操作系统环境

D）操作系统的功能主要是管理，即管理计算机的所有软件资源，硬件资源不归操作系统管理

14. _____是一种符号化的机器语言。

    A）C 语言　　　　　B）汇编语言　　　　C）机器语言　　　　D）计算机语言

15. 相对而言，下列类型的文件中，不易感染病毒的是_____。

    A）*.txt　　　　　B）*.doc　　　　　C）*.com　　　　　D）*.exe

16. 计算机网络按地理范围可分为_____。

    A）广域网、城域网和局域网　　　　　B）因特网、城域网和局域网

    C）广域网、因特网和局域网　　　　　D）因特网、广域网和对等网

17. HTML 的正式名称是_____。

    A）Internet 编程语言　　　　　　　B）超文本标记语言

    C）主页制作语言　　　　　　　　　D）WWW 编程语言

18. 对于众多个人用户来说，接入因特网最经济、最简单、采用最多的方式是_____。

    A）局域网连接　　　B）专线连接　　　C）电话拨号　　　D）无线连接

19. 在 Internet 中完成从域名到 IP 地址或者从 IP 到域名转换的是_____服务。

    A）DNS　　　　　B）FTP　　　　　C）WWW　　　　D）ADSL

20. 下列关于电子邮件的说法中错误的是_____。

    A）发件人必须有自己的 E-mail 账户

    B）必须知道收件人的 E-mail 地址

    C）收件人必须有自己的邮政编码

    D）可使用 Outlook Express 管理联系人信息

1	2	3	4	5	6	7	8	9	10

11	12	13	14	15	16	17	18	19	20

第 7 套

1. 计算机采用的主机电子器件的发展顺序是_____。

    A）晶体管、电子管、中小规模集成电路、大规模和超大规模集成电路

    B）电子管、晶体管、中小规模集成电路、大规模和超大规模集成电路

C)晶体管、电子管、集成电路、芯片

D)电子管、晶体管、集成电路、芯片

2. 专门为某种用途而设计的计算机，称为_____计算机。

A)专用   B)通用   C)特殊   D)模拟

3. CAM 的含义是_____。

A)计算机辅助设计   B)计算机辅助教学

C)计算机辅助制造   D)计算机辅助测试

4. 下列描述中不正确的是_____。

A)多媒体技术最主要的两个特点是集成性和交互性

B)所有计算机的字长都是固定不变的，都是 8 位

C)计算机的存储容量是计算机的性能指标之一

D)各种高级语言的编译系统都属于系统软件

5. 将十进制 257 转换成十六进制数是_____。

A)11   B)101   C)F1   D)FF

6. 下面不是汉字输入码的是_____。

A)五笔字形码   B)全拼编码   C)双拼编码   D)ASCII 码

7. 计算机系统由_____组成。

A)主机和显示器

B)微处理器和软件

C)硬件系统和应用软件

D)硬件系统和软件系统

8. 计算机运算部件一次能同时处理的二进制数据的位数称为_____。

A)位   B)字节   C)字长   D)波特

9. 下列关于硬盘的说法错误的是_____。

A)硬盘中的数据断电后不会丢失   B)每个计算机主机有且只能有一块硬盘

C)硬盘可以进行格式化处理   D)CPU 不能够直接访问硬盘中的数据

10. 半导体只读存储器（ROM）与半导体随机存取存储器（RAM）的主要区别在于_____。

A)ROM 可以永久保存信息，RAM 在断电后信息会丢失

B)ROM 断电后，信息会丢失，RAM 则不会

C)ROM 是内存储器，RAM 是外存储器

D)RAM 是内存储器，ROM 是外存储器

11. _____是系统部件之间传送信息的公共通道，各部件由总线连接并通过它传递数据和控制信号。

A)总线   B)I/O 接口   C)电缆   D)扁缆

12. 计算机系统采用总线结构对存储器和外设进行协调。总线主要由_____3 部分组成。

A)数据总线、地址总线和控制总线

B)输入总线、输出总线和控制总线

C)外部总线、内部总线和中枢总线

D)通信总线、接收总线和发送总线

13. 计算机软件系统包括_____。

A)系统软件和应用软件

B)程序及其相关数据

C)数据库及其管理软件

D)编译系统和应用软件

14. 计算机硬件能够直接识别和执行的语言是_____。

A)C 语言　　　　B)汇编语言　　　　C)机器语言　　　　D)符号语言

15. 计算机病毒破坏的主要对象是_____。

A)优盘　　　　B)磁盘驱动器　　　　C)CPU　　　　D)程序和数据

16. 下列有关计算机网络的说法错误的是_____。

A)组成计算机网络的计算机设备是分布在不同地理位置的多台独立的"自治计算机"

B)共享资源包括硬件资源和软件资源以及数据信息

C)计算机网络提供资源共享的功能

D)计算机网络中，每台计算机核心的基本部件，如 CPU、系统总线、网络接口等都要求存在，但不一定独立

17. 下列有关 Internet 的叙述中，错误的是_____。

A)万维网就是因特网　　　　　　B)因特网上提供了多种信息

C)因特网是计算机网络的网络　　　D)因特网是国际计算机互联网

18. Internet 是覆盖全球的大型互联网络，用于链接多个远程网和局域网的互联设备主要是_____。

A)路由器　　　　B)主机　　　　C)网桥　　　　D)防火墙

19. 因特网上的服务都是基于某一种协议的，Web 服务是基于_____。

A)SMTP 协议　　　B)SNMP 协议　　　C)HTTP 协议　　　D)TELNET 协议

20. IE 浏览器收藏夹的作用是_____。

A)收集感兴趣的页面地址　　　　B)记忆感兴趣的页面的内容

C)收集感兴趣的文件内容　　　　D)收集感兴趣的文件名

1	2	3	4	5	6	7	8	9	10
11	12	13	14	15	16	17	18	19	20

第 8 套

1. 世界上第一台电子计算机诞生于_____年。

    A）1952   B）1946   C）1939   . D）1958

2. 计算机的发展趋势是_____、微型化、网络化和智能化。

    A）大型化   B）小型化   C）精巧化   D）巨型化

3. 核爆炸和地震灾害之类的仿真模拟，其应用领域是_____。

    A）计算机辅助   B）科学计算   C）数据处理   D）实时控制

4. 下列关于计算机的主要特性，叙述错误的有_____。

    A）处理速度快，计算精度高   B）存储容量大

    C）逻辑判断能力一般   D）网络和通信功能强

5. 二进制数 110000 转换成十六进制数是_____。

    A）77   B）D7   C）70   D）30

6. 在计算机内部对汉字进行存储、处理和传输的汉字编码是_____。

    A）汉字信息交换码   B）汉字输入码

    C）汉字内码   D）汉字字形码

7. 奔腾（Pentium）是_____公司生产的一种 CPU 的型号。

    A）IBM   B）Microsoft   C）Intel   D）AMD

8. 下列不属于微型计算机的技术指标的一项是_____。

    A）字节   B）时钟主频   C）运算速度   D）存取周期

9. 微机中访问速度最快的存储器是_____。

    A）CD-ROM   B）硬盘   C）U 盘   D）内存

10. 在微型计算机技术中，通过系统_____把 CPU、存储器、输入设备和输出设备连接起来，实现信息交换。

    A）总线   B）I/O 接口   C）电缆   D）通道

11. 计算机最主要的工作特点是_____。

    A）有记忆能力   B）高精度与高速度

    C）可靠性与可用性   D）存储程序与自动控制

12. Word 字处理软件属于_____。

    A）管理软件   B）网络软件   C）应用软件   D）系统软件

13. 在下列叙述中，正确的选项是_____。

    A）用高级语言编写的程序称为源程序

    B）计算机直接识别并执行的是汇编语言编写的程序

    C）机器语言编写的程序需编译和链接后才能执行

    D）机器语言编写的程序具有良好的可移植性

14. 以下关于流媒体技术的说法中，错误的是_____。

    A）实现流媒体需要合适的缓存

B）媒体文件全部下载完成才可以播放

C）流媒体可用于在线直播等方面

D）流媒体格式包括 asf、rm、ra 等

15. 计算机病毒实质上是_____。

　　A）一些微生物　　B）一类化学物质　　C）操作者的幻觉　　D）一段程序

16. 计算机网络最突出的优点是_____。

　　A）运算速度快　　B）存储容量大　　C）运算容量大　　D）可以实现资源共享

17. 因特网属于_____。

　　A）万维网　　　　B）广域网　　　　C）城域网　　　　D）局域网

18. 在一间办公室内要实现所有计算机联网，一般应选择_____网。

　　A）GAN　　　　B）MAN　　　　C）LAN　　　　D）WAN

19. 所有与 Internet 相连接的计算机必须遵守的一个共同协议是_____。

　　A）http　　　　B）IEEE 802.11　　C）TCP/IP　　　D）IPX

20. 下列 URL 的表示方法中，正确的是_____。

　　A）http：//www. microsoft. com/index. html

　　B）http：\ www. microsoft. com/index. html

　　C）http：//www. microsoft. com \ index. html

　　D）http：www. microsoft. com/index. htmp

1	2	3	4	5	6	7	8	9	10
11	12	13	14	15	16	17	18	19	20

第 9 套

1. 下面四条常用术语的叙述中，有错误的是_____。

　A）光标是显示屏上指示位置的标志

　B）汇编语言是一种面向机器的低级程序设计语言，用汇编语言编写的程序计算机能直接执行

　C）总线是计算机系统中各部件之间传输信息的公共通路

　D）读写磁头是既能从磁表面存储器读出信息又能把信息写入磁表面存储器的装置

2. 下面设备中，既能向主机输入数据又能接收由主机输出数据的设置是_____。

　A）CD-ROM　　　B）显示器　　　C）软磁盘存储器　　D）光笔

3. 执行二进制算术加运算盘 11001001+00100111 其运算结果是_____。

　A）11101111　　B）11110000　　C）00000001　　D）10100010

4. 在十六进制数 CD 等值的十进制数是_____。

    A)204   B)205   C)206   D)203

5. 微型计算机硬件系统中最核心的部位是_____。

    A)主板   B)CPU   C)内存储器   D)I/O 设备

6. 微型计算机的主机包括_____。

    A)运算器和控制器   B)CPU 和内存储器

    C)CPU 和 UPS   D)UPS 和内存储器

7. 计算机能直接识别和执行的语言是_____。

    A)机器语言   B)高级语言   C)汇编语言   D)数据库语言

8. 微型计算机，控制器的基本功能是_____。

    A)进行计算运算和逻辑运算   B)存储各种控制信息

    C)保持各种控制状态   D)控制机器各个部件协调一致地工作

9. 与十进制数 254 等值的二进制数是_____。

    A)11111110   B)11101111   C)11111011   D)11101110

10. 微型计算机存储系统中，PROM 是_____。

    A)可读写存储器   B)动态随机存储器

    C)只读存储器   D)可编程只读存储器

11. 执行二进制逻辑乘运算（即逻辑与运算）01011001 ∧ 10100111 其运算结果是_____。

    A)00000000   B)1111111   C)00000001   D)1111110

12. 下列几种存储器，存取周期最短的是_____。

    A)内存储器   B)光盘存储器   C)硬盘存储器   D)软盘存储器

13. 在微型计算机内存储器中不能用指令修改其存储内容的部分是_____。

    A)RAM   B)DRAM   C)ROM   D)SRAM

14. 计算机病毒是指_____。

    A)编制有错误的计算机程序   B)设计不完善的计算机程序

    C)已被破坏的计算机程序   D)以危害系统为目的的特殊计算机程序

15. CPU 中有一个程序计数器（又称指令计数器），它用于存储_____。

    A)正在执行的指令的内容   B)下一条要执行的指令的内容

    C)正在执行的指令的内存地址   D)下一条要执行的指令的内存地址

16. 下列四个无符号十进制整数中，能用八个进制位表示的是_____。

    A)257   B)201   C)313   D)296

17. 下列关于系统软件的四条叙述中，正确的一条是_____。

    A)系统软件与具体应用领域无关

    B)系统软件与具体硬件逻辑功能无关

    C)系统软件是在应用软件基础上开发的

    D)系统软件并不是具体提供人机界面

18. 下列术语中，属于显示器性能指标的是_____。

A)速度　　　　　B)可靠性　　　　　C)分辨率　　　　　D)精度

19. 下列字符中，其 ASCII 码值最大的是_____。

A)9　　　　　B)D　　　　　C)a　　　　　D)y

20. 下列四条叙述中，正确的一条是_____。

A)假若 CPU 向外输出 20 位地址，则它能直接访问的存储空间可达 1MB

B)CP 机在使用过程中突然断电，SRAM 中存储的信息不会丢失

C)PC 机在使用过程中突然断电，DRAM 中存储的信息不会丢失

D)外存储器中的信息可以直接被 CPU 处理

1	2	3	4	5	6	7	8	9	10
11	12	13	14	15	16	17	18	19	20

第 10 套

1. 世界上第一台电子计算机名叫_____。

A)EDVAC　　　　　B)ENIAC　　　　　C)EDSAC　　　　　D)MARK-II

2. 个人计算机属于_____。

A)小型计算机　　　B)巨型机算机　　　C)大型主机　　　D)微型计算机

3. 计算机辅助教育的英文缩写是_____。

A)CAD　　　　　B)CAE　　　　　C)CAM　　　　　D)CAI

4. 在计算机术语中，bit 的中文含义是_____。

A)位　　　　　B)字节　　　　　C)字　　　　　D)字长

5. 二进制数 00111101 转换成十进制数是_____。

A)58　　　　　B)59　　　　　C)61　　　　　D)65

6. 微型计算机普遍采用的字符编码是_____。

A)原码　　　　　B)补码　　　　　C)ASCII 码　　　　　D)汉字编码

7. 标准 ASCII 码字符集共有_____个编码。

A)128　　　　　B)256　　　　　C)34　　　　　D)94

8. 微型计算机主机的主要组成部分有_____。

A)运算器和控制器　　　　　B)CPU 和硬盘

C)CPU 和显示器　　　　　D)CPU 和内存储器

9. 通常用 MIPS 为单位来衡量计算机的性能，它指的是计算机的_____。

A)传输速率　　　B)存储容量　　　C)字长　　　D)运算速度

10. DRAM 存储器的中文含义是_____。

A)静态随机存储器   B)动态随机存储器

C)动态只读存储器   D)静态只读存储器

11. SRAM 存储器是_____。

A)静态只读存储器   B)静态随机存储器

C)动态只读存储器   D)动态随机存储器

12. 下列关于存储的叙述中，正确的是_____。

A)CPU 能直接访问存储在内存中的数据，也能直接访问存储在外存中的数据

B)CPU 不能直接访问存储在内存中的数据，能直接访问存储在外存中的数据

C)CPU 只能直接访问存储在内存中的数据，不能直接访问存储在外存中的数据

D)CPU 既不能直接访问存储在内存中的数据，也不能直接访问存储在外存中的数据

13. 通常所说的 I/O 设备是指_____。

A)输入输出设备   B)通信设备   C)网络设备   D)控制设备

14. 下列各组设备中，全部属于输入设备的一组是_____。

A)键盘、磁盘和打印机   B)键盘、扫描仪和鼠标

C)键盘、鼠标和显示器   D)硬盘、打印机和键盘

15. 操作系统的功能是_____。

A)将源程序编译成目标程序

B)负责诊断计算机的故障

C)控制和管理计算机系统的各种硬件和软件资源的使用

D)负责外设与主机之间的信息交换

16. 将高级语言编写的程序翻译成机器语言程序，采用的两种翻译方法是_____。

A)编译和解释   B)编译和汇编   C)编译和连接   D)解释和汇编

17. 下列选项中，不属于计算机病毒特征的是_____。

A)破坏性   B)潜伏性   C)传染性   D)免疫性

18. 下列不属于网络拓扑结构形式的是_____。

A)星型   B)环型   C)总线型   D)分支型

19. 调制解调器的功能是_____。

A)将数字信号转换成模拟信号

B)将模拟信号转换成数字信号

C)将数字信号转换成其他信号

D)在数字信号与模拟信号之间进行转换

20. 下列关于使用 FTP 下载文件的说法中错误的是_____。

A)FTP 即文件传输协议

B)使用 FTP 协议在因特网上传输文件，这两台计算必须使用同样的操作系统

C)可以使用专用的 FTP 客户端下载文件

D)FTP 使用客户/服务器模式工作

1	2	3	4	5	6	7	8	9	10

11	12	13	14	15	16	17	18	19	20

第 11 套

1. 下列不属于第二代计算机特点的一项是_____。
   A) 采用电子管作为逻辑元件
   B) 运算速度为每秒几万~几十万条指令
   C) 内存主要采用磁芯
   D) 外存储器主要采用磁盘和磁带

2. 下列有关计算机的新技术的说法中，错误的是_____。
   A) 嵌入式技术是将计算机作为一个信息处理部件，嵌入到应用系统中的一种技术，也就是说，它将软件固化集成到硬件系统中，将硬件系统与软件系统一体化
   B) 网格计算利用互联网把分散在不同地理位置的电脑组织成一个"虚拟的超级计算机"
   C) 网格计算技术能够提供资源共享，实现应用程序的互连互通，网格计算与计算机网络是一回事
   D) 中间件是介于应用软件和操作系统之间的系统软件

3. 计算机辅助设计的简称是_____。
   A) CAT   B) CAM   C) CAI   D) CAD

4. 下列有关信息和数据的说法中，错误的是_____。
   A) 数据是信息的载体
   B) 数值、文字、语言、图形、图像等都是不同形式的数据
   C) 数据处理之后产生的结果为信息，信息有意义，数据没有
   D) 数据具有针对性、时效性

5. 十进制数 100 转换成二进制数是_____。
   A) 01100100   B) 01100101   C) 01100110   D) 01101000

6. 在下列各种编码中，每个字节最高位均是"1"的是_____。
   A) 外码   B) 汉字机内码   C) 汉字国标码   D) ASCII 码

7. 一般计算机硬件系统的主要组成部件有五大部分，下列选项中不属于这五部分的是_____。
   A) 输入设备和输出设备   B) 软件
   C) 运算器   D) 控制器

8. 下列选项中不属于计算机的主要技术指标的是_____。

A）字长 B）存储容量 C）重量 D）时钟主频

9. RAM 具有的特点是_____。

A）海量存储

B）存储在其中的信息可以永久保存

C）一旦断电，存储在其上的信息将全部消失且无法恢复

D）存储在其中的数据不能改写

10. 下面四种存储器中，属于数据易失性的存储器是_____。

A）RAM B）ROM C）PROM D）CD-ROM

11. 下列有关计算机结构的叙述中，错误的是_____。

A）最早的计算机基本上采用直接连接的方式，冯·诺依曼研制的计算机 IAS，基本上就采用了直接连接的结构

B）直接连接方式连接速度快，而且易于扩展

C）数据总线的位数，通常与 CPU 的位数相对应

D）现代计算机普遍采用总线结构

12. 下列有关总线和主板的叙述中，错误的是_____。

A）外设可以直接挂在总线上

B）总线体现在硬件上就是计算机主板

C）主板上配有插 CPU、内存条、显示卡等的各类扩展槽或接口，而光盘驱动器和硬盘驱动器则通过扁缆与主板相连

D）在电脑维修中，把 CPU、主板、内存、显卡加上电源所组成的系统叫最小化系统

13. 有关计算机软件，下列说法错误的是_____。

A）操作系统的种类繁多，按照其功能和特性可分为批处理操作系统、分时操作系统和实时操作系统等；按照同时管理用户数的多少分为单用户操作系统和多用户操作系统

B）操作系统提供了一个软件运行的环境，是最重要的系统软件

C）Microsoft Office 软件是 Windows 环境下的办公软件，但它并不能用于其他操作系统环境

D）操作系统的功能主要是管理，即管理计算机的所有软件资源，硬件资源不归操作系统管理

14. _____是一种符号化的机器语言。

A）C 语言 B）汇编语言 C）机器语言 D）计算机语言

15. 相对而言，下列类型的文件中，不易感染病毒的是_____。

A）*.txt B）*.doc C）*.com D）*.exe

16. 计算机网络按地理范围可分为_____。

A）广域网、城域网和局域网 B）因特网、城域网和局域网

C）广域网、因特网和局域网 D）因特网、广域网和对等网

17. HTML 的正式名称是_____。

A)Internet 编程语言   B)超文本标记语言

C)主页制作语言   D)WWW 编程语言

18. 对于众多个人用户来说，接入因特网最经济、最简单、采用最多的方式是_____。

     A)局域网连接   B)专线连接   C)电话拨号   D)无线连接

19. 在 Internet 中完成从域名到 IP 地址或者从 IP 到域名转换的是_____服务。

     A)DNS   B)FTP   C)WWW   D)ADSL

20. 下列关于电子邮件的说法中错误的是_____。

     A)发件人必须有自己的 E-mail 账户   B)必须知道收件人的 E-mail 地址

     C)收件人必须有自己的邮政编码   D)可使用 Outlook Express 管理联系人信息

1	2	3	4	5	6	7	8	9	10
11	12	13	14	15	16	17	18	19	20

第 12 套

1. 计算机采用的主机电子器件的发展顺序是_____。

     A)晶体管、电子管、中小规模集成电路、大规模和超大规模集成电路

     B)电子管、晶体管、中小规模集成电路、大规模和超大规模集成电路

     C)晶体管、电子管、集成电路、芯片

     D)电子管、晶体管、集成电路、芯片

2. 专门为某种用途而设计的计算机，称为_____计算机。

     A)专用   B)通用   C)特殊   D)模拟

3. CAM 的含义是_____。

     A)计算机辅助设计   B)计算机辅助教学

     C)计算机辅助制造   D)计算机辅助测试

4. 下列描述中不正确的是_____。

     A)多媒体技术最主要的两个特点是集成性和交互性

     B)所有计算机的字长都是固定不变的，都是 8 位

     C)计算机的存储容量是计算机的性能指标之一

     D)各种高级语言的编译系统都属于系统软件

5. 将十进制 257 转换成十六进制数是_____。

     A)11   B)101   C)F1   D)FF

6. 下面不是汉字输入码的是_____。

A)五笔字形码　　　　B)全拼编码　　　　C)双拼编码　　　　D)ASCII 码

7. 计算机系统由_____组成。

A)主机和显示器　　　　　　　　B)微处理器和软件

C)硬件系统和应用软件　　　　　D)硬件系统和软件系统

8. 计算机运算部件一次能同时处理的二进制数据的位数称为_____。

A)位　　　　　　B)字节　　　　　　C)字长　　　　　　D)波特

9. 下列关于硬盘的说法错误的是_____。

A)硬盘中的数据断电后不会丢失　　　B)每个计算机主机有且只能有一块硬盘

C)硬盘可以进行格式化处理　　　　　D)CPU 不能够直接访问硬盘中的数据

10. 半导体只读存储器(ROM)与半导体随机存取存储器(RAM)的主要区别在于_____。

A)ROM 可以永久保存信息，RAM 在断电后信息会丢失

B)ROM 断电后，信息会丢失，RAM 则不会

C)ROM 是内存储器，RAM 是外存储器

D)RAM 是内存储器，ROM 是外存储器

11. _____是系统部件之间传送信息的公共通道，各部件由总线连接并通过它传递数据和控制信号。

A)总线　　　　　　B)I/O 接口　　　　　　C)电缆　　　　　　D)扁缆

12. 计算机系统采用总线结构对存储器和外设进行协调。总线主要由_____3个部分组成。

A)数据总线、地址总线和控制总线　　B)输入总线、输出总线和控制总线

C)外部总线、内部总线和中枢总线　　D)通信总线、接收总线和发送总线

13. 计算机软件系统包括_____。

A)系统软件和应用软件　　　　　B)程序及其相关数据

C)数据库及其管理软件　　　　　D)编译系统和应用软件

14. 计算机硬件能够直接识别和执行的语言是_____。

A)C 语言　　　　　B)汇编语言　　　　　C)机器语言　　　　　D)符号语言

15. 计算机病毒破坏的主要对象是_____。

A)优盘　　　　　　B)磁盘驱动器　　　　　C)CPU　　　　　　D)程序和数据

16. 下列有关计算机网络的说法错误的是_____。

A)组成计算机网络的计算机设备是分布在不同地理位置的多台独立的"自治计算机"

B)共享资源包括硬件资源和软件资源以及数据信息

C)计算机网络提供资源共享的功能

D)计算机网络中，每台计算机核心的基本部件，如 CPU、系统总线、网络接口等都要求存在，但不一定独立

17. 下列有关 Internet 的叙述中，错误的是_____。

A)万维网就是因特网　　　　　　B)因特网上提供了多种信息

C) 因特网是计算机网络的网络　　　　　D) 因特网是国际计算机互联网

18. Internet 是覆盖全球的大型互联网络，用于链接多个远程网和局域网的互联设备主要是_____。

　　A) 路由器　　　　B) 主机　　　　C) 网桥　　　　D) 防火墙

19. 因特网上的服务都是基于某一种协议的，Web 服务是基于_____。

　　A) SMTP 协议　　B) SNMP 协议　　C) HTTP 协议　　D) TELNET 协议

20. IE 浏览器收藏夹的作用是_____。

　　A) 收集感兴趣的页面地址　　　　　B) 记忆感兴趣的页面的内容

　　C) 收集感兴趣的文件内容　　　　　D) 收集感兴趣的文件名

1	2	3	4	5	6	7	8	9	10
11	12	13	14	15	16	17	18	19	20

第 13 套

1. 世界上第一台电子计算机诞生于_____年。

　　A) 1952　　　　B) 1946　　　　C) 1939　　　　D) 1958

2. 计算机的发展趋势是_____、微型化、网络化和智能化。

　　A) 大型化　　　　B) 小型化　　　　C) 精巧化　　　　D) 巨型化

3. 核爆炸和地震灾害之类的仿真模拟，其应用领域是_____。

　　A) 计算机辅助　　B) 科学计算　　C) 数据处理　　D) 实时控制

4. 下列关于计算机的主要特性，叙述错误的有_____。

　　A) 处理速度快，计算精度高　　　　B) 存储容量大

　　C) 逻辑判断能力一般　　　　　　　D) 网络和通信功能强

5. 二进制数 110000 转换成十六进制数是_____。

　　A) 77　　　　B) D7　　　　C) 70　　　　D) 30

6. 在计算机内部对汉字进行存储、处理和传输的汉字编码是_____。

　　A) 汉字信息交换码　B) 汉字输入码　C) 汉字内码　D) 汉字字形码

7. 奔腾(Pentium)是_____公司生产的一种 CPU 的型号。

　　A) IBM　　　　B) Microsoft　　C) Intel　　　　D) AMD

8. 下列不属于微型计算机的技术指标的一项是_____。

　　A) 字节　　　　B) 时钟主频　　C) 运算速度　　D) 存取周期

9. 微机中访问速度最快的存储器是_____。

　　A) CD-ROM　　　B) 硬盘　　　　C) U 盘　　　　D) 内存

10. 在微型计算机技术中，通过系统_____把 CPU、存储器、输入设备和输出设备连接起来，实现信息交换。

    A）总线   B）I/O 接口   C）电缆   D）通道

11. 计算机最主要的工作特点是_____。

    A）有记忆能力   B）高精度与高速度

    C）可靠性与可用性   D）存储程序与自动控制

12. Word 字处理软件属于_____。

    A）管理软件   B）网络软件   C）应用软件   D）系统软件

13. 在下列叙述中，正确的选项是_____。

    A）用高级语言编写的程序称为源程序

    B）计算机直接识别并执行的是汇编语言编写的程序

    C）机器语言编写的程序需编译和链接后才能执行

    D）机器语言编写的程序具有良好的可移植性

14. 以下关于流媒体技术的说法中，错误的是_____。

    A）实现流媒体需要合适的缓存   B）媒体文件全部下载完成才可以播放

    C）流媒体可用于在线直播等方面   D）流媒体格式包括 asf、rm、ra 等

15. 计算机病毒实质上是_____。

    A）一些微生物   B）一类化学物质   C）操作者的幻觉   D）一段程序

16. 计算机网络最突出的优点是_____。

    A）运算速度快   B）存储容量大   C）运算容量大   D）可以实现资源共享

17. 因特网属于_____。

    A）万维网   B）广域网   C）城域网   D）局域网

18. 在一间办公室内要实现所有计算机联网，一般应选择_____网。

    A）GAN   B）MAN   C）LAN   D）WAN

19. 所有与 Internet 相连接的计算机必须遵守的一个共同协议是_____。

    A）http   B）IEEE 802.11   C）TCP/IP   D）IPX

20. 下列 URL 的表示方法中，正确的是_____。

    A）http：//www.microsoft.com/index.html

    B）http：\www.microsoft.com/index.html

    C）http：//www.microsoft.com\index.html

    D）http：www.microsoft.com/index.htmp

1	2	3	4	5	6	7	8	9	10

11	12	13	14	15	16	17	18	19	20

第 14 套

1. 下面四条常用术语的叙述中，有错误的是_____。
   A) 光标是显示屏上指示位置的标志
   B) 汇编语言是一种面向机器的低级程序设计语言，用汇编语言编写的程序计算机
   能直接执行
   C) 总线是计算机系统中各部件之间传输信息的公共通路
   D) 读写磁头是既能从磁表面存储器读出信息又能把信息写入磁表面存储器的装置

2. 下面设备中，既能向主机输入数据又能接收由主机输出数据的设置是_____。
   A) CD-ROM   B) 显示器   C) 软磁盘存储器   D) 光笔

3. 执行二进制算术加运算盘 11001001+00100111 其运算结果是_____。
   A) 11101111   B) 11110000   C) 00000001   D) 10100010

4. 在十六进制数 CD 等值的十进制数是_____。
   A) 204   B) 205   C) 206   D) 203

5. 微型计算机硬件系统中最核心的部位是_____。
   A) 主板   B) CPU   C) 内存储器   D) I/O 设备

6. 微型计算机的主机包括_____。
   A) 运算器和控制器   B) CPU 和内存储器
   C) CPU 和 UPS   D) UPS 和内存储器

7. 计算机能直接识别和执行的语言是_____。
   A) 机器语言   B) 高级语言   C) 汇编语言   D) 数据库语言

8. 微型计算机，控制器的基本功能是_____。
   A) 进行计算运算和逻辑运算   B) 存储各种控制信息
   C) 保持各种控制状态   D) 控制机器各个部件协调一致地工作

9. 与十进制数 254 等值的二进制数是_____。
   A) 11111110   B) 11101111   C) 11111011   D) 11101110

10. 微型计算机存储系统中，PROM 是_____。
    A) 可读写存储器   B) 动态随机存储器
    C) 只读存储器   D) 可编程只读存储器

11. 执行二进制逻辑乘运算（即逻辑与运算）01011001 ∧ 10100111 其运算结果
是_____。
    A) 00000000   B) 1111111   C) 00000001   D) 1111110

12. 下列几种存储器，存取周期最短的是_____。
    A) 内存储器   B) 光盘存储器   C) 硬盘存储器   D) 软盘存储器

13. 在微型计算机内存储器中不能用指令修改其存储内容的部分是_____。
    A) RAM   B) DRAM   C) ROM   D) SRAM

14. 计算机病毒是指_____。

A)编制有错误的计算机程序　　　　B)设计不完善的计算机程序
C)已被破坏的计算机程序　　　　　D)以危害系统为目的的特殊计算机程序

15. CPU 中有一个程序计数器(又称指令计数器)，它用于存储_____。
A)正在执行的指令的内容　　　　　B)下一条要执行的指令的内容
C)正在执行的指令的内存地址　　　D)下一条要执行的指令的内存地址

16. 下列四个无符号十进制整数中，能用八个进制位表示的是_____。
A)257　　　　　B)201　　　　　C)313　　　　　D)296

17. 下列关于系统软件的四条叙述中，正确的一条是_____。
A)系统软件与具体应用领域无关
B)系统软件与具体硬件逻辑功能无关
C)系统软件是在应用软件基础上开发的
D)系统软件并不是具体提供人机界面

18. 下列术语中，属于显示器性能指标的是_____。
A)速度　　　　B)可靠性　　　　C)分辨率　　　　D)精度

19. 下列字符中，其 ASCII 码值最大的是_____。
A)9　　　　　B)D　　　　　C)a　　　　　D)y

20. 下列四条叙述中，正确的一条是_____。
A)假若 CPU 向外输出 20 位地址，则它能直接访问的存储空间可达 1MB
B)CP 机在使用过程中突然断电，SRAM 中存储的信息不会丢失
C)PC 机在使用过程中突然断电，DRAM 中存储的信息不会丢失
D)外存储器中的信息可以直接被 CPU 处理

1	2	3	4	5	6	7	8	9	10
11	12	13	14	15	16	17	18	19	20

第 15 套

1. 世界上第一台电子计算机名叫_____。
A)EDVAC　　　B)ENIAC　　　C)EDSAC　　　D)MARK-II

2. 个人计算机属于_____。
A)小型计算机　　B)巨型机算机　　C)大型主机　　D)微型计算机

3. 计算机辅助教育的英文缩写是_____。
A)CAD　　　　B)CAE　　　　C)CAM　　　　D)CAI

4. 在计算机术语中，bit 的中文含义是_____。

A)位   B)字节   C)字   D)字长

5. 二进制数 00111101 转换成十进制数是_____。

A)58   B)59   C)61   D)65

6. 微型计算机普遍采用的字符编码是_____。

A)原码   B)补码   C)ASCII 码   D)汉字编码

7. 标准 ASCII 码字符集共有_____个编码。

A)128   B)256   C)34   D)94

8. 微型计算机主机的主要组成部分有_____。

A)运算器和控制器   B)CPU 和硬盘

C)CPU 和显示器   D)CPU 和内存储器

9. 通常用 MIPS 为单位来衡量计算机的性能，它指的是计算机的_____。

A)传输速率   B)存储容量   C)字长   D)运算速度

10. DRAM 存储器的中文含义是_____。

A)静态随机存储器   B)动态随机存储器

C)动态只读存储器   D)静态只读存储器

11. SRAM 存储器是_____。

A)静态只读存储器   B)静态随机存储器

C)动态只读存储器   D)动态随机存储器

12. 下列关于存储的叙述中，正确的是_____。

A)CPU 能直接访问存储在内存中的数据，也能直接访问存储在外存中的数据

B)CPU 不能直接访问存储在内存中的数据，能直接访问存储在外存中的数据

C)CPU 只能直接访问存储在内存中的数据，不能直接访问存储在外存中的数据

D)CPU 既不能直接访问存储在内存中的数据，也不能直接访问存储在外存中的数据

13. 通常所说的 I/O 设备是指_____。

A)输入输出设备   B)通信设备   C)网络设备   D)控制设备

14. 下列各组设备中，全部属于输入设备的一组是_____。

A)键盘、磁盘和打印机   B)键盘、扫描仪和鼠标

C)键盘、鼠标和显示器   D)硬盘、打印机和键盘

15. 操作系统的功能是_____。

A)将源程序编译成目标程序

B)负责诊断计算机的故障

C)控制和管理计算机系统的各种硬件和软件资源的使用

D)负责外设与主机之间的信息交换

16. 将高级语言编写的程序翻译成机器语言程序，采用的两种翻译方法是_____。

A)编译和解释   B)编译和汇编   C)编译和连接   D)解释和汇编

17. 下列选项中，不属于计算机病毒特征的是_____。

A)破坏性   B)潜伏性   C)传染性   D)免疫性

18. 下列不属于网络拓扑结构形式的是_____。

    A)星型   B)环型   C)总线型   D)分支型

19. 调制解调器的功能是_____。

    A)将数字信号转换成模拟信号   B)将模拟信号转换成数字信号

    C)将数字信号转换成其他信号   D)在数字信号与模拟信号之间进行转换

20. 下列关于使用 FTP 下载文件的说法中错误的是_____。

    A)FTP 即文件传输协议

    B)使用 FTP 协议在因特网上传输文件，这两台计算必须使用同样的操作系统

    C)可以使用专用的 FTP 客户端下载文件

    D)FTP 使用客户/服务器模式工作

1	2	3	4	5	6	7	8	9	10

11	12	13	14	15	16	17	18	19	20

第 16 套

1. 下列不属于第二代计算机特点的一项是_____。

    A)采用电子管作为逻辑元件

    B)运算速度为每秒几万~几十万条指令

    C)内存主要采用磁芯

    D)外存储器主要采用磁盘和磁带

2. 下列有关计算机的新技术的说法中，错误的是_____。

    A)嵌入式技术是将计算机作为一个信息处理部件，嵌入到应用系统中的一种技术，也就是说，它将软件固化集成到硬件系统中，将硬件系统与软件系统一体化

    B)网格计算利用互联网把分散在不同地理位置的电脑组织成一个"虚拟的超级计算机"

    C)网格计算技术能够提供资源共享，实现应用程序的互连互通，网格计算与计算机网络是一回事

    D)中间件是介于应用软件和操作系统之间的系统软件

3. 计算机辅助设计的简称是_____。

    A)CAT   B)CAM   C)CAI   D)CAD

4. 下列有关信息和数据的说法中，错误的是_____。

    A)数据是信息的载体

    B)数值、文字、语言、图形、图像等都是不同形式的数据

C)数据处理之后产生的结果为信息，信息有意义，数据没有

D)数据具有针对性、时效性

5. 十进制数 100 转换成二进制数是_____。

A)01100100 B)01100101 C)01100110 D)01101000

6. 在下列各种编码中，每个字节最高位均是"1"的是_____。

A)外码 B)汉字机内码 C)汉字国标码 D)ASCII 码

7. 一般计算机硬件系统的主要组成部件有五大部分，下列选项中不属于这五部分的是_____。

A)输入设备和输出设备 B)软件

C)运算器 D)控制器

8. 下列选项中不属于计算机的主要技术指标的是_____。

A)字长 B)存储容量 C)重量 D)时钟主频

9. RAM 具有的特点是_____。

A)海量存储

B)存储在其中的信息可以永久保存

C)一旦断电，存储在其上的信息将全部消失且无法恢复

D)存储在其中的数据不能改写

10. 下面四种存储器中，属于数据易失性的存储器是_____。

A)RAM B)ROM C)PROM D)CD-ROM

11. 下列有关计算机结构的叙述中，错误的是_____。

A)最早的计算机基本上采用直接连接的方式，冯·诺依曼研制的计算机 IAS，基本上就采用了直接连接的结构

B)直接连接方式连接速度快，而且易于扩展

C)数据总线的位数，通常与 CPU 的位数相对应

D)现代计算机普遍采用总线结构

12. 下列有关总线和主板的叙述中，错误的是_____。

A)外设可以直接挂在总线上

B)总线体现在硬件上就是计算机主板

C)主板上配有插 CPU、内存条、显示卡等的各类扩展槽或接口，而光盘驱动器和硬盘驱动器则通过扁缆与主板相连

D)在电脑维修中，把 CPU、主板、内存、显卡加上电源所组成的系统叫最小化系统

13. 有关计算机软件，下列说法错误的是_____。

A)操作系统的种类繁多，按照其功能和特性可分为批处理操作系统、分时操作系统和实时操作系统等；按照同时管理用户数的多少分为单用户操作系统和多用户操作系统

B)操作系统提供了一个软件运行的环境，是最重要的系统软件

C)Microsoft Office 软件是 Windows 环境下的办公软件，但它并不能用于其他操作

系统环境

　　D)操作系统的功能主要是管理，即管理计算机的所有软件资源，硬件资源不归操
作系统管理

14. _____是一种符号化的机器语言。

　　A)C 语言　　　　B)汇编语言　　　　C)机器语言　　　　D)计算机语言

15. 相对而言，下列类型的文件中，不易感染病毒的是_____。

　　A)*.txt　　　　B)*.doc　　　　C)*.com　　　　D)*.exe

16. 计算机网络按地理范围可分为_____。

　　A)广域网、城域网和局域网　　　　B)因特网、城域网和局域网
　　C)广域网、因特网和局域网　　　　D)因特网、广域网和对等网

17. HTML 的正式名称是_____。

　　A)Internet 编程语言　　　　B)超文本标记语言
　　C)主页制作语言　　　　D)WWW 编程语言

18. 对于众多个人用户来说，接入因特网最经济、最简单、采用最多的方式
是_____。

　　A)局域网连接　　B)专线连接　　C)电话拨号　　D)无线连接

19. 在 Internet 中完成从域名到 IP 地址或者从 IP 到域名转换的是_____服务。

　　A)DNS　　　　B)FTP　　　　C)WWW　　　　D)ADSL

20. 下列关于电子邮件的说法中错误的是_____。

　　A)发件人必须有自己的 E-mail 账户

　　B)必须知道收件人的 E-mail 地址

　　C)收件人必须有自己的邮政编码

　　D)可使用 Outlook Express 管理联系人信息

1	2	3	4	5	6	7	8	9	10
11	12	13	14	15	16	17	18	19	20

第 17 套

1. 计算机采用的主机电子器件的发展顺序是_____。

　　A)晶体管、电子管、中小规模集成电路、大规模和超大规模集成电路

　　B)电子管、晶体管、中小规模集成电路、大规模和超大规模集成电路

　　C)晶体管、电子管、集成电路、芯片

　　D)电子管、晶体管、集成电路、芯片

2. 专门为某种用途而设计的计算机，称为＿＿＿＿计算机。

    A）专用   B）通用   C）特殊   D）模拟

3. CAM 的含义是＿＿＿＿。

    A）计算机辅助设计   B）计算机辅助教学

    C）计算机辅助制造   D）计算机辅助测试

4. 下列描述中不正确的是＿＿＿＿。

    A）多媒体技术最主要的两个特点是集成性和交互性

    B）所有计算机的字长都是固定不变的，都是 8 位

    C）计算机的存储容量是计算机的性能指标之一

    D）各种高级语言的编译系统都属于系统软件

5. 将十进制 257 转换成十六进制数是＿＿＿＿。

    A）11   B）101   C）F1   D）FF

6. 下面不是汉字输入码的是＿＿＿＿。

    A）五笔字形码   B）全拼编码   C）双拼编码   D）ASCII 码

7. 计算机系统由＿＿＿＿组成。

    A）主机和显示器   B）微处理器和软件

    C）硬件系统和应用软件   D）硬件系统和软件系统

8. 计算机运算部件一次能同时处理的二进制数据的位数称为＿＿＿＿。

    A）位   B）字节   C）字长   D）波特

9. 下列关于硬盘的说法错误的是＿＿＿＿。

    A）硬盘中的数据断电后不会丢失

    B）每个计算机主机有且只能有一块硬盘

    C）硬盘可以进行格式化处理

    D）CPU 不能够直接访问硬盘中的数据

10. 半导体只读存储器（ROM）与半导体随机存取存储器（RAM）的主要区别在于＿＿＿＿。

    A）ROM 可以永久保存信息，RAM 在断电后信息会丢失

    B）ROM 断电后，信息会丢失，RAM 则不会

    C）ROM 是内存储器，RAM 是外存储器

    D）RAM 是内存储器，ROM 是外存储器

11. ＿＿＿＿是系统部件之间传送信息的公共通道，各部件由总线连接并通过它传递数据和控制信号。

    A）总线   B）I/O 接口   C）电缆   D）扁缆

12. 计算机系统采用总线结构对存储器和外设进行协调。总线主要由＿＿＿＿3 个部分组成。

    A）数据总线、地址总线和控制总线   B）输入总线、输出总线和控制总线

    C）外部总线、内部总线和中枢总线   D）通信总线、接收总线和发送总线

13. 计算机软件系统包括＿＿＿＿。

A）系统软件和应用软件 　　　　　　　B）程序及其相关数据

C）数据库及其管理软件 　　　　　　　D）编译系统和应用软件

14. 计算机硬件能够直接识别和执行的语言是_____。

　　Λ）C 语言　　　　B）汇编语言　　　　C）机器语言　　　　D）符号语言

15. 计算机病毒破坏的主要对象是_____。

　　A）优盘　　　　　B）磁盘驱动器　　　　C）CPU　　　　　D）程序和数据

16. 下列有关计算机网络的说法错误的是_____。

　　A）组成计算机网络的计算机设备是分布在不同地理位置的多台独立的"自治计算机"

　　B）共享资源包括硬件资源和软件资源以及数据信息

　　C）计算机网络提供资源共享的功能

　　D）计算机网络中，每台计算机核心的基本部件，如 CPU、系统总线、网络接口等都要求存在，但不一定独立

17. 下列有关 Internet 的叙述中，错误的是_____。

　　A）万维网就是因特网　　　　　　　　B）因特网上提供了多种信息

　　C）因特网是计算机网络的网络　　　　D）因特网是国际计算机互联网

18. Internet 是覆盖全球的大型互联网络，用于链接多个远程网和局域网的互联设备主要是_____。

　　A）路由器　　　　B）主机　　　　　　C）网桥　　　　　D）防火墙

19. 因特网上的服务都是基于某一种协议的，Web 服务是基于_____。

　　A）SMTP 协议　　　B）SNMP 协议　　　C）HTTP 协议　　　D）TELNET 协议

20. IE 浏览器收藏夹的作用是_____。

　　A）收集感兴趣的页面地址　　　　　　B）记忆感兴趣的页面的内容

　　C）收集感兴趣的文件内容　　　　　　D）收集感兴趣的文件名

1	2	3	4	5	6	7	8	9	10
11	12	13	14	15	16	17	18	19	20

第 18 套

1. 世界上第一台电子计算机诞生于_____年。

　　A）1952　　　　　B）1946　　　　　C）1939　　　　　D）1958

2. 计算机的发展趋势是_____、微型化、网络化和智能化。

　　A）大型化　　　　B）小型化　　　　　C）精巧化　　　　D）巨型化

3. 核爆炸和地震灾害之类的仿真模拟，其应用领域是_____。

    A）计算机辅助   B）科学计算   C）数据处理   D）实时控制

4. 下列关于计算机的主要特性，叙述错误的有_____。

    A）处理速度快，计算精度高   B）存储容量大

    C）逻辑判断能力一般   D）网络和通信功能强

5. 二进制数 110000 转换成十六进制数是_____。

    A）77   B）D7   C）70   D）30

6. 在计算机内部对汉字进行存储、处理和传输的汉字编码是_____。

    A）汉字信息交换码   B）汉字输入码

    C）汉字内码   D）汉字字形码

7. 奔腾（Pentium）是_____公司生产的一种 CPU 的型号。

    A）IBM   B）Microsoft   C）Intel   D）AMD

8. 下列不属于微型计算机的技术指标的一项是_____。

    A）字节   B）时钟主频   C）运算速度   D）存取周期

9. 微机中访问速度最快的存储器是_____。

    A）CD-ROM   B）硬盘   C）U 盘   D）内存

10. 在微型计算机技术中，通过系统_____把 CPU、存储器、输入设备和输出设备连接起来，实现信息交换。

    A）总线   B）I/O 接口   C）电缆   D）通道

11. 计算机最主要的工作特点是_____。

    A）有记忆能力   B）高精度与高速度

    C）可靠性与可用性   D）存储程序与自动控制

12. Word 字处理软件属于_____。

    A）管理软件   B）网络软件   C）应用软件   D）系统软件

13. 在下列叙述中，正确的选项是_____。

    A）用高级语言编写的程序称为源程序

    B）计算机直接识别并执行的是汇编语言编写的程序

    C）机器语言编写的程序需编译和链接后才能执行

    D）机器语言编写的程序具有良好的可移植性

14. 以下关于流媒体技术的说法中，错误的是_____。

    A）实现流媒体需要合适的缓存

    B）媒体文件全部下载完成才可以播放

    C）流媒体可用于在线直播等方面

    D）流媒体格式包括 asf、rm、ra 等

15. 计算机病毒实质上是_____。

    A）一些微生物   B）一类化学物质   C）操作者的幻觉   D）一段程序

16. 计算机网络最突出的优点是_____。

    A）运算速度快   B）存储容量大   C）运算容量大   D）可以实现资源共享

17. 因特网属于_____。

    A）万维网   B）广域网   C）城域网   D）局域网

18. 在一间办公室内要实现所有计算机联网，一般应选择_____网。

    A）GAN   B）MAN   C）LAN   D）WAN

19. 所有与 Internet 相连接的计算机必须遵守的一个共同协议是_____。

    A）http   B）IEEE 802.11   C）TCP/IP   D）IPX

20. 下列 URL 的表示方法中，正确的是_____。

    A）http：//www.microsoft.com/index.html

    B）http：\ www.microsoft.com/index.html

    C）http：//www.microsoft.com \ index.html

    D）http：www.microsoft.com/index.htmp

1	2	3	4	5	6	7	8	9	10
11	12	13	14	15	16	17	18	19	20

第 19 套

1. 下面四条常用术语的叙述中，有错误的是_____。

    A）光标是显示屏上指示位置的标志

    B）汇编语言是一种面向机器的低级程序设计语言，用汇编语言编写的程序计算机能直接执行

    C）总线是计算机系统中各部件之间传输信息的公共通路

    D）读写磁头是既能从磁表面存储器读出信息又能把信息写入磁表面存储器的装置

2. 下面设备中，既能向主机输入数据又能接收由主机输出数据的设置是_____。

    A）CD-ROM   B）显示器   C）软磁盘存储器   D）光笔

3. 执行二进制算术加运算盘 11001001+00100111 其运算结果是_____。

    A）11101111   B）11110000   C）00000001   D）10100010

4. 在十六进制数 CD 等值的十进制数是_____。

    A）204   B）205   C）206   D）203

5. 微型计算机硬件系统中最核心的部位是_____。

    A）主板   B）CPU   C）内存储器   D）I/O 设备

6. 微型计算机的主机包括_____。

    A）运算器和控制器   B）CPU 和内存储器

    C）CPU 和 UPS   D）UPS 和内存储器

7. 计算机能直接识别和执行的语言是_____。
   A)机器语言　　　　B)高级语言　　　　C)汇编语言　　　　D)数据库语言

8. 微型计算机，控制器的基本功能是_____。
   A)进行计算运算和逻辑运算　　　　B)存储各种控制信息
   C)保持各种控制状态　　　　D)控制机器各个部件协调一致地工作

9. 与十进制数 254 等值的二进制数是_____。
   A)11111110　　　B)11101111　　　C)11111011　　　D)11101110

10. 微型计算机存储系统中，PROM 是_____。
    A)可读写存储器　　　　B)动态随机存储器
    C)只读存储器　　　　D)可编程只读存储器

11. 执行二进制逻辑乘运算（即逻辑与运算）01011001 ∧ 10100111 其运算结果是_____。
    A)00000000　　　B)1111111　　　C)00000001　　　D)1111110

12. 下列几种存储器，存取周期最短的是_____。
    A)内存储器　　　B)光盘存储器　　　C)硬盘存储器　　　D)软盘存储器

13. 在微型计算机内存储器中不能用指令修改其存储内容的部分是_____。
    A)RAM　　　B)DRAM　　　C)ROM　　　D)SRAM

14. 计算机病毒是指_____。
    A)编制有错误的计算机程序　　　　B)设计不完善的计算机程序
    C)已被破坏的计算机程序　　　　D)以危害系统为目的的特殊计算机程序

15. CPU 中有一个程序计数器(又称指令计数器)，它用于存储_____。
    A)正在执行的指令的内容　　　　B)下一条要执行的指令的内容
    C)正在执行的指令的内存地址　　　　D)下一条要执行的指令的内存地址

16. 下列四个无符号十进制整数中，能用八个进制位表示的是_____。
    A)257　　　B)201　　　C)313　　　D)296

17. 下列关于系统软件的四条叙述中，正确的一条是_____。
    A)系统软件与具体应用领域无关
    B)系统软件与具体硬件逻辑功能无关
    C)系统软件是在应用软件基础上开发的
    D)系统软件并不是具体提供人机界面

18. 下列术语中，属于显示器性能指标的是_____。
    A)速度　　　B)可靠性　　　C)分辨率　　　D)精度

19. 下列字符中，其 ASCII 码值最大的是_____。
    A)9　　　B)D　　　C)a　　　D)y

20. 下列四条叙述中，正确的一条是_____。
    A)假若 CPU 向外输出 20 位地址，则它能直接访问的存储空间可达 1MB
    B)CP 机在使用过程中突然断电，SRAM 中存储的信息不会丢失
    C)PC 机在使用过程中突然断电，DRAM 中存储的信息不会丢失

D) 外存储器中的信息可以直接被 CPU 处理

1	2	3	4	5	6	7	8	9	10
11	12	13	14	15	16	17	18	19	20

第 20 套

1. 世界上第一台电子计算机名叫_____。
   A) EDVAC   B) ENIAC   C) EDSAC   D) MARK-II
2. 个人计算机属于_____。
   A) 小型计算机   B) 巨型机算机   C) 大型主机   D) 微型计算机
3. 计算机辅助教育的英文缩写是_____。
   A) CAD   B) CAE   C) CAM   D) CAI
4. 在计算机术语中，bit 的中文含义是_____。
   A) 位   B) 字节   C) 字   D) 字长
5. 二进制数 00111101 转换成十进制数是_____。
   A) 58   B) 59   C) 61   D) 65
6. 微型计算机普遍采用的字符编码是_____。
   A) 原码   B) 补码   C) ASCII 码   D) 汉字编码
7. 标准 ASCII 码字符集共有_____个编码。
   A) 128   B) 256   C) 34   D) 94
8. 微型计算机主机的主要组成部分有_____。
   A) 运算器和控制器   B) CPU 和硬盘
   C) CPU 和显示器   D) CPU 和内存储器
9. 通常用 MIPS 为单位来衡量计算机的性能，它指的是计算机的_____。
   A) 传输速率   B) 存储容量   C) 字长   D) 运算速度
10. DRAM 存储器的中文含义是_____。
    A) 静态随机存储器   B) 动态随机存储器
    C) 动态只读存储器   D) 静态只读存储器
11. SRAM 存储器是_____。
    A) 静态只读存储器   B) 静态随机存储器
    C) 动态只读存储器   D) 动态随机存储器
12. 下列关于存储的叙述中，正确的是_____。
    A) CPU 能直接访问存储在内存中的数据，也能直接访问存储在外存中的数据

B）CPU 不能直接访问存储在内存中的数据，能直接访问存储在外存中的数据

C）CPU 只能直接访问存储在内存中的数据，不能直接访问存储在外存中的数据

D）CPU 既不能直接访问存储在内存中的数据，也不能直接访问存储在外存中的数据

13. 通常所说的 I/O 设备是指_____。
    A）输入输出设备　　　　　　　　B）通信设备
    C）网络设备　　　　　　　　　　D）控制设备

14. 下列各组设备中，全部属于输入设备的一组是_____。
    A）键盘、磁盘和打印机　　　　　B）键盘、扫描仪和鼠标
    C）键盘、鼠标和显示器　　　　　D）硬盘、打印机和键盘

15. 操作系统的功能是_____。
    A）将源程序编译成目标程序
    B）负责诊断计算机的故障
    C）控制和管理计算机系统的各种硬件和软件资源的使用
    D）负责外设与主机之间的信息交换

16. 将高级语言编写的程序翻译成机器语言程序，采用的两种翻译方法是_____。
    A）编译和解释　　B）编译和汇编　　C）编译和连接　　D）解释和汇编

17. 下列选项中，不属于计算机病毒特征的是_____。
    A）破坏性　　　　B）潜伏性　　　　C）传染性　　　　D）免疫性

18. 下列不属于网络拓扑结构形式的是_____。
    A）星型　　　　　B）环型　　　　　C）总线型　　　　D）分支型

19. 调制解调器的功能是_____。
    A）将数字信号转换成模拟信号
    B）将模拟信号转换成数字信号
    C）将数字信号转换成其他信号
    D）在数字信号与模拟信号之间进行转换

20. 下列关于使用 FTP 下载文件的说法中错误的是_____。
    A）FTP 即文件传输协议
    B）使用 FTP 协议在因特网上传输文件，这两台计算必须使用同样的操作系统
    C）可以使用专用的 FTP 客户端下载文件
    D）FTP 使用客户/服务器模式工作

1	2	3	4	5	6	7	8	9	10

11	12	13	14	15	16	17	18	19	20

第 21 套

1. 下列不属于第二代计算机特点的一项是_____。

    A)采用电子管作为逻辑元件

    B)运算速度为每秒几万~几十万条指令

    C)内存主要采用磁芯

    D)外存储器主要采用磁盘和磁带

2. 下列有关计算机的新技术的说法中，错误的是_____。

    A)嵌入式技术是将计算机作为一个信息处理部件，嵌入到应用系统中的一种技术，
也就是说，它将软件固化集成到硬件系统中，将硬件系统与软件系统一体化

    B)网格计算利用互联网把分散在不同地理位置的电脑组织成一个"虚拟的超级计
算机"

    C)网格计算技术能够提供资源共享，实现应用程序的互连互通，网格计算与计算
机网络是一回事

    D)中间件是介于应用软件和操作系统之间的系统软件

3. 计算机辅助设计的简称是_____。

    A)CAT   B)CAM   C)CAI   D)CAD

4. 下列有关信息和数据的说法中，错误的是_____。

    A)数据是信息的载体

    B)数值、文字、语言、图形、图像等都是不同形式的数据

    C)数据处理之后产生的结果为信息，信息有意义，数据没有

    D)数据具有针对性、时效性

5. 十进制数 100 转换成二进制数是_____。

    A)01100100   B)01100101   C)01100110   D)01101000

6. 在下列各种编码中，每个字节最高位均是"1"的是_____。

    A)外码   B)汉字机内码   C)汉字国标码   D)ASCII 码

7. 一般计算机硬件系统的主要组成部件有五大部分，下列选项中不属于这五部分的
是_____。

    A)输入设备和输出设备   B)软件

    C)运算器   D)控制器

8. 下列选项中不属于计算机的主要技术指标的是_____。

    A)字长   B)存储容量   C)重量   D)时钟主频

9. RAM 具有的特点是_____。

    A)海量存储

    B)存储在其中的信息可以永久保存

    C)一旦断电，存储在其上的信息将全部消失且无法恢复

    D)存储在其中的数据不能改写

10. 下面四种存储器中，属于数据易失性的存储器是_____。

    A）RAM   B）ROM   C）PROM   D）CD-ROM

11. 下列有关计算机结构的叙述中，错误的是_____。

    A）最早的计算机基本上采用直接连接的方式，冯·诺依曼研制的计算机 IAS，基本上就采用了直接连接的结构

    B）直接连接方式连接速度快，而且易于扩展

    C）数据总线的位数，通常与 CPU 的位数相对应

    D）现代计算机普遍采用总线结构

12. 下列有关总线和主板的叙述中，错误的是_____。

    A）外设可以直接挂在总线上

    B）总线体现在硬件上就是计算机主板

    C）主板上配有插 CPU、内存条、显示卡等的各类扩展槽或接口，而光盘驱动器和硬盘驱动器则通过扁缆与主板相连

    D）在电脑维修中，把 CPU、主板、内存、显卡加上电源所组成的系统叫最小化系统

13. 有关计算机软件，下列说法错误的是_____。

    A）操作系统的种类繁多，按照其功能和特性可分为批处理操作系统、分时操作系统和实时操作系统等；按照同时管理用户数的多少分为单用户操作系统和多用户操作系统

    B）操作系统提供了一个软件运行的环境，是最重要的系统软件

    C）Microsoft Office 软件是 Windows 环境下的办公软件，但它并不能用于其他操作系统环境

    D）操作系统的功能主要是管理，即管理计算机的所有软件资源，硬件资源不归操作系统管理

14. _____是一种符号化的机器语言。

    A）C 语言   B）汇编语言   C）机器语言   D）计算机语言

15. 相对而言，下列类型的文件中，不易感染病毒的是_____。

    A）＊.txt   B）＊.doc   C）＊.com   D）＊.exe

16. 计算机网络按地理范围可分为_____。

    A）广域网、城域网和局域网   B）因特网、城域网和局域网

    C）广域网、因特网和局域网   D）因特网、广域网和对等网

17. HTML 的正式名称是_____。

    A）Internet 编程语言   B）超文本标记语言

    C）主页制作语言   D）WWW 编程语言

18. 对于众多个人用户来说，接入因特网最经济、最简单、采用最多的方式是_____。

    A）局域网连接   B）专线连接   C）电话拨号   D）无线连接

19. 在 Internet 中完成从域名到 IP 地址或者从 IP 到域名转换的是_____服务。

A）DNS　　　　　B）FTP　　　　　C）WWW　　　　　D）ADSL

20. 下列关于电子邮件的说法中错误的是_____。

A）发件人必须有自己的 E-mail 账户

B）必须知道收件人的 E-mail 地址

C）收件人必须有自己的邮政编码

D）可使用 Outlook Express 管理联系人信息

1	2	3	4	5	6	7	8	9	10
11	12	13	14	15	16	17	18	19	20

第 22 套

1. 计算机采用的主机电子器件的发展顺序是_____。

A）晶体管、电子管、中小规模集成电路、大规模和超大规模集成电路

B）电子管、晶体管、中小规模集成电路、大规模和超大规模集成电路

C）晶体管、电子管、集成电路、芯片

D）电子管、晶体管、集成电路、芯片

2. 专门为某种用途而设计的计算机，称为_____计算机。

A）专用　　　　B）通用　　　　C）特殊　　　　D）模拟

3. CAM 的含义是_____。

A）计算机辅助设计　　　　　　　B）计算机辅助教学

C）计算机辅助制造　　　　　　　D）计算机辅助测试

4. 下列描述中不正确的是_____。

A）多媒体技术最主要的两个特点是集成性和交互性

B）所有计算机的字长都是固定不变的，都是 8 位

C）计算机的存储容量是计算机的性能指标之一

D）各种高级语言的编译系统都属于系统软件

5. 将十进制 257 转换成十六进制数是_____。

A）11　　　　B）101　　　　C）F1　　　　D）FF

6. 下面不是汉字输入码的是_____。

A）五笔字形码　　B）全拼编码　　C）双拼编码　　D）ASCII 码

7. 计算机系统由_____组成。

A）主机和显示器　　　　　　　B）微处理器和软件

C）硬件系统和应用软件　　　　D）硬件系统和软件系统

8. 计算机运算部件一次能同时处理的二进制数据的位数称为_____。
   A)位　　　　　　　B)字节　　　　　　C)字长　　　　　D)波特

9. 下列关于硬盘的说法错误的是_____。
   A)硬盘中的数据断电后不会丢失
   B)每个计算机主机有且只能有一块硬盘
   C)硬盘可以进行格式化处理
   D)CPU 不能够直接访问硬盘中的数据

10. 半导体只读存储器（ROM）与半导体随机存取存储器（RAM）的主要区别在于_____。
    A)ROM 可以永久保存信息，RAM 在断电后信息会丢失
    B)ROM 断电后，信息会丢失，RAM 则不会
    C)ROM 是内存储器，RAM 是外存储器
    D)RAM 是内存储器，ROM 是外存储器

11. _____是系统部件之间传送信息的公共通道，各部件由总线连接并通过它传递数据和控制信号。
    A)总线　　　　　B)I/O 接口　　　　C)电缆　　　　D)扁缆

12. 计算机系统采用总线结构对存储器和外设进行协调。总线主要由_____ 3 个部分组成。
    A)数据总线、地址总线和控制总线
    B)输入总线、输出总线和控制总线
    C)外部总线、内部总线和中枢总线
    D)通信总线、接收总线和发送总线

13. 计算机软件系统包括_____。
    A)系统软件和应用软件　　　　　B)程序及其相关数据
    C)数据库及其管理软件　　　　　D)编译系统和应用软件

14. 计算机硬件能够直接识别和执行的语言是_____。
    A)C 语言　　　　B)汇编语言　　　C)机器语言　　　D)符号语言

15. 计算机病毒破坏的主要对象是_____。
    A)优盘　　　　　B)磁盘驱动器　　　C)CPU　　　　D)程序和数据

16. 下列有关计算机网络的说法错误的是_____。
    A)组成计算机网络的计算机设备是分布在不同地理位置的多台独立的"自治计算机"
    B)共享资源包括硬件资源和软件资源以及数据信息
    C)计算机网络提供资源共享的功能
    D)计算机网络中，每台计算机核心的基本部件，如 CPU、系统总线、网络接口等都要求存在，但不一定独立

17. 下列有关 Internet 的叙述中，错误的是_____。
    A)万维网就是因特网

    B)因特网上提供了多种信息

    C)因特网是计算机网络的网络

    D)因特网是国际计算机互联网

18. Internet 是覆盖全球的大型互联网络，用于链接多个远程网和局域网的互联设备主要是_____。

    A)路由器   B)主机   C)网桥   D)防火墙

19. 因特网上的服务都是基于某一种协议的，Web 服务是基于_____。

    A)SMTP 协议   B)SNMP 协议   C)HTTP 协议   D)TELNET 协议

20. IE 浏览器收藏夹的作用是_____。

    A)收集感兴趣的页面地址   B)记忆感兴趣的页面的内容

    C)收集感兴趣的文件内容   D)收集感兴趣的文件名

1	2	3	4	5	6	7	8	9	10
11	12	13	14	15	16	17	18	19	20

第 23 套

1. 世界上第一台电子计算机诞生于_____年。

    A)1952   B)1946   C)1939   D)1958

2. 计算机的发展趋势是_____、微型化、网络化和智能化。

    A)大型化   B)小型化   C)精巧化   D)巨型化

3. 核爆炸和地震灾害之类的仿真模拟，其应用领域是_____。

    A)计算机辅助   B)科学计算   C)数据处理   D)实时控制

4. 下列关于计算机的主要特性，叙述错误的有_____。

    A)处理速度快，计算精度高   B)存储容量大

    C)逻辑判断能力一般   D)网络和通信功能强

5. 二进制数 110000 转换成十六进制数是_____。

    A)77   B)D7   C)70   D)30

6. 在计算机内部对汉字进行存储、处理和传输的汉字编码是_____。

    A)汉字信息交换码   B)汉字输入码

    C)汉字内码   D)汉字字形码

7. 奔腾(Pentium)是_____公司生产的一种 CPU 的型号。

    A)IBM   B)Microsoft   C)Intel   D)AMD

8. 下列不属于微型计算机的技术指标的一项是_____。

A)字节   B)时钟主频   C)运算速度   D)存取周期

9. 微机中访问速度最快的存储器是_____。

  A)CD-ROM   B)硬盘   C)U 盘   D)内存

10. 在微型计算机技术中，通过系统_____把 CPU、存储器、输入设备和输出设备连接起来，实现信息交换。

  A)总线   B)I/O 接口   C)电缆   D)通道

11. 计算机最主要的工作特点是_____。

  A)有记忆能力   B)高精度与高速度

  C)可靠性与可用性   D)存储程序与自动控制

12. Word 字处理软件属于_____。

  A)管理软件   B)网络软件   C)应用软件   D)系统软件

13. 在下列叙述中，正确的选项是_____。

  A)用高级语言编写的程序称为源程序

  B)计算机直接识别并执行的是汇编语言编写的程序

  C)机器语言编写的程序需编译和链接后才能执行

  D)机器语言编写的程序具有良好的可移植性

14. 以下关于流媒体技术的说法中，错误的是_____。

  A)实现流媒体需要合适的缓存

  B)媒体文件全部下载完成才可以播放

  C)流媒体可用于在线直播等方面

  D)流媒体格式包括 asf、rm、ra 等

15. 计算机病毒实质上是_____。

  A)一些微生物   B)一类化学物质

  C)操作者的幻觉   D)一段程序

16. 计算机网络最突出的优点是_____。

  A)运算速度快   B)存储容量大

  C)运算容量大   D)可以实现资源共享

17. 因特网属于_____。

  A)万维网   B)广域网   C)城域网   D)局域网

18. 在一间办公室内要实现所有计算机联网，一般应选择_____网。

  A)GAN   B)MAN   C)LAN   D)WAN

19. 所有与 Internet 相连接的计算机必须遵守的一个共同协议是_____。

  A)http   B)IEEE 802.11   C)TCP/IP   D)IPX

20. 下列 URL 的表示方法中，正确的是_____。

  A)http：//www. microsoft. com/index. html

  B)http：\ www. microsoft. com/index. html

  C)http：//www. microsoft. com \ index. html

  D)http：www. microsoft. com/index. htmp

1	2	3	4	5	6	7	8	9	10
11	12	13	14	15	16	17	18	19	20

第 24 套

1. 下面四条常用术语的叙述中，有错误的是_____。

A）光标是显示屏上指示位置的标志

B）汇编语言是一种面向机器的低级程序设计语言，用汇编语言编写的程序计算机能直接执行

C）总线是计算机系统中各部件之间传输信息的公共通路

D）读写磁头是既能从磁表面存储器读出信息又能把信息写入磁表面存储器的装置

2. 下面设备中，既能向主机输入数据又能接收由主机输出数据的设置是_____。

A）CD-ROM   B）显示器

C）软磁盘存储器   D）光笔

3. 执行二进制算术加运算盘 11001001+00100111 其运算结果是_____。

A）11101111   B）11110000   C）00000001   D）10100010

4. 在十六进制数 CD 等值的十进制数是_____。

A）204   B）205   C）206   D）203

5. 微型计算机硬件系统中最核心的部位是_____。

A）主板   B）CPU   C）内存储器   D）I/O 设备

6. 微型计算机的主机包括_____。

A）运算器和控制器   B）CPU 和内存储器

C）CPU 和 UPS   D）UPS 和内存储器

7. 计算机能直接识别和执行的语言是_____。

A）机器语言   B）高级语言   C）汇编语言   D）数据库语言

8. 微型计算机，控制器的基本功能是_____。

A）进行计算运算和逻辑运算   B）存储各种控制信息

C）保持各种控制状态   D）控制机器各个部件协调一致地工作

9. 与十进制数 254 等值的二进制数是_____。

A）11111110   B）11101111   C）11111011   D）11101110

10. 微型计算机存储系统中，PROM 是_____。

A）可读写存储器   B）动态随机存储器

C）只读存储器   D）可编程只读存储器

11. 执行二进制逻辑乘运算（即逻辑与运算）01011001 ∧ 10100111 其运算结果是_____。

    A）00000000   B）1111111   C）00000001   D）1111110

12. 下列几种存储器，存取周期最短的是_____。

    A）内存储器   B）光盘存储器   C）硬盘存储器   D）软盘存储器

13. 在微型计算机内存储器中不能用指令修改其存储内容的部分是_____。

    A）RAM   B）DRAM   C）ROM   D）SRAM

14. 计算机病毒是指_____。

    A）编制有错误的计算机程序   B）设计不完善的计算机程序

    C）已被破坏的计算机程序   D）以危害系统为目的的特殊计算机程序

15. CPU 中有一个程序计数器（又称指令计数器），它用于存储_____。

    A）正在执行的指令的内容

    B）下一条要执行的指令的内容

    C）正在执行的指令的内存地址

    D）下一条要执行的指令的内存地址

16. 下列四个无符号十进制整数中，能用八个进制位表示的是_____。

    A）257   B）201   C）313   D）296

17. 下列关于系统软件的四条叙述中，正确的一条是_____。

    A）系统软件与具体应用领域无关

    B）系统软件与具体硬件逻辑功能无关

    C）系统软件是在应用软件基础上开发的

    D）系统软件并不是具体提供人机界面

18. 下列术语中，属于显示器性能指标的是_____。

    A）速度   B）可靠性   C）分辨率   D）精度

19. 下列字符中，其 ASCII 码值最大的是_____。

    A）9   B）D   C）a   D）y

20. 下列四条叙述中，正确的一条是_____。

    A）假若 CPU 向外输出 20 位地址，则它能直接访问的存储空间可达 1MB

    B）CP 机在使用过程中突然断电，SRAM 中存储的信息不会丢失

    C）PC 机在使用过程中突然断电，DRAM 中存储的信息不会丢失

    D）外存储器中的信息可以直接被 CPU 处理

1	2	3	4	5	6	7	8	9	10
11	12	13	14	15	16	17	18	19	20

第 25 套

1. 世界上第一台电子计算机名叫_____。
   A）EDVAC　　　　　B）ENIAC　　　　　C）EDSAC　　　　　D）MARK-II

2. 个人计算机属于_____。
   A）小型计算机　　　B）巨型机算机　　　C）大型主机　　　　D）微型计算机

3. 计算机辅助教育的英文缩写是_____。
   A）CAD　　　　　　B）CAE　　　　　　C）CAM　　　　　　D）CAI

4. 在计算机术语中，bit 的中文含义是_____。
   A）位　　　　　　　B）字节　　　　　　C）字　　　　　　　D）字长

5. 二进制数 00111101 转换成十进制数是_____。
   A）58　　　　　　　B）59　　　　　　　C）61　　　　　　　D）65

6. 微型计算机普遍采用的字符编码是_____。
   A）原码　　　　　　B）补码　　　　　　C）ASCII 码　　　　D）汉字编码

7. 标准 ASCII 码字符集共有_____个编码。
   A）128　　　　　　B）256　　　　　　C）34　　　　　　　D）94

8. 微型计算机主机的主要组成部分有_____。
   A）运算器和控制器　　　　　　　　　B）CPU 和硬盘
   C）CPU 和显示器　　　　　　　　　　D）CPU 和内存储器

9. 通常用 MIPS 为单位来衡量计算机的性能，它指的是计算机的_____。
   A）传输速率　　　　B）存储容量　　　　C）字长　　　　　　D）运算速度

10. DRAM 存储器的中文含义是_____。
    A）静态随机存储器　　　　　　　　　B）动态随机存储器
    C）动态只读存储器　　　　　　　　　D）静态只读存储器

11. SRAM 存储器是_____。
    A）静态只读存储器　　　　　　　　　B）静态随机存储器
    C）动态只读存储器　　　　　　　　　D）动态随机存储器

12. 下列关于存储的叙述中，正确的是_____。
    A）CPU 能直接访问存储在内存中的数据，也能直接访问存储在外存中的数据
    B）CPU 不能直接访问存储在内存中的数据，能直接访问存储在外存中的数据
    C）CPU 只能直接访问存储在内存中的数据，不能直接访问存储在外存中的数据
    D）CPU 既不能直接访问存储在内存中的数据，也不能直接访问存储在外存中的
       数据

13. 通常所说的 I/O 设备是指_____。
    A）输入输出设备　　B）通信设备　　　　C）网络设备　　　　D）控制设备

14. 下列各组设备中，全部属于输入设备的一组是_____。
    A）键盘、磁盘和打印机　　　　　　　B）键盘、扫描仪和鼠标

C)键盘、鼠标和显示器　　　　　　　D)硬盘、打印机和键盘

15. 操作系统的功能是_____。

　　A)将源程序编译成目标程序

　　B)负责诊断计算机的故障

　　C)控制和管理计算机系统的各种硬件和软件资源的使用

　　D)负责外设与主机之间的信息交换

16. 将高级语言编写的程序翻译成机器语言程序，采用的两种翻译方法是_____。

　　A)编译和解释　　　B)编译和汇编　　　C)编译和连接　　　D)解释和汇编

17. 下列选项中，不属于计算机病毒特征的是_____。

　　A)破坏性　　　　　B)潜伏性　　　　　C)传染性　　　　　D)免疫性

18. 下列不属于网络拓扑结构形式的是_____。

　　A)星型　　　　　　B)环型　　　　　　C)总线型　　　　　D)分支型

19. 调制解调器的功能是_____。

　　A)将数字信号转换成模拟信号

　　B)将模拟信号转换成数字信号

　　C)将数字信号转换成其他信号

　　D)在数字信号与模拟信号之间进行转换

20. 下列关于使用 FTP 下载文件的说法中错误的是_____。

　　A)FTP 即文件传输协议

　　B)使用 FTP 协议在因特网上传输文件，这两台计算必须使用同样的操作系统

　　C)可以使用专用的 FTP 客户端下载文件

　　D)FTP 使用客户/服务器模式工作

1	2	3	4	5	6	7	8	9	10
11	12	13	14	15	16	17	18	19	20

第 26 套

1. 下列不属于第二代计算机特点的一项是_____。

　　A)采用电子管作为逻辑元件

　　B)运算速度为每秒几万~几十万条指令

　　C)内存主要采用磁芯

　　D)外存储器主要采用磁盘和磁带

2. 下列有关计算机的新技术的说法中，错误的是_____。

A）嵌入式技术是将计算机作为一个信息处理部件，嵌入到应用系统中的一种技术，也就是说，它将软件固化集成到硬件系统中，将硬件系统与软件系统一体化

B）网格计算利用互联网把分散在不同地理位置的电脑组织成一个"虚拟的超级计算机"

C）网格计算技术能够提供资源共享，实现应用程序的互连互通，网格计算与计算机网络是一回事

D）中间件是介于应用软件和操作系统之间的系统软件

3. 计算机辅助设计的简称是_____。

A）CAT   B）CAM   C）CAI   D）CAD

4. 下列有关信息和数据的说法中，错误的是_____。

A）数据是信息的载体

B）数值、文字、语言、图形、图像等都是不同形式的数据

C）数据处理之后产生的结果为信息，信息有意义，数据没有

D）数据具有针对性、时效性

5. 十进制数 100 转换成二进制数是_____。

A）01100100 B）01100101 C）01100110 D）01101000

6. 在下列各种编码中，每个字节最高位均是"1"的是_____。

A）外码   B）汉字机内码 C）汉字国标码 D）ASCII 码

7. 一般计算机硬件系统的主要组成部件有五大部分，下列选项中不属于这五部分的是_____。

A）输入设备和输出设备   B）软件

C）运算器   D）控制器

8. 下列选项中不属于计算机的主要技术指标的是_____。

A）字长   B）存储容量 C）重量   D）时钟主频

9. RAM 具有的特点是_____。

A）海量存储

B）存储在其中的信息可以永久保存

C）一旦断电，存储在其上的信息将全部消失且无法恢复

D）存储在其中的数据不能改写

10. 下面四种存储器中，属于数据易失性的存储器是_____。

A）RAM   B）ROM   C）PROM   D）CD-ROM

11. 下列有关计算机结构的叙述中，错误的是_____。

A）最早的计算机基本上采用直接连接的方式，冯·诺依曼研制的计算机 IAS，基本上就采用了直接连接的结构

B）直接连接方式连接速度快，而且易于扩展

C）数据总线的位数，通常与 CPU 的位数相对应

D）现代计算机普遍采用总线结构

12. 下列有关总线和主板的叙述中，错误的是_____。

A)外设可以直接挂在总线上

B)总线体现在硬件上就是计算机主板

C)主板上配有插 CPU、内存条、显示卡等的各类扩展槽或接口，而光盘驱动器和硬盘驱动器则通过扁缆与主板相连

D)在电脑维修中，把 CPU、主板、内存、显卡加上电源所组成的系统叫最小化系统

13. 有关计算机软件，下列说法错误的是_____。

A)操作系统的种类繁多，按照其功能和特性可分为批处理操作系统、分时操作系统和实时操作系统等；按照同时管理用户数的多少分为单用户操作系统和多用户操作系统

B)操作系统提供了一个软件运行的环境，是最重要的系统软件

C)Microsoft Office 软件是 Windows 环境下的办公软件，但它并不能用于其他操作系统环境

D)操作系统的功能主要是管理，即管理计算机的所有软件资源，硬件资源不归操作系统管理

14. _____是一种符号化的机器语言。

A)C 语言   B)汇编语言   C)机器语言   D)计算机语言

15. 相对而言，下列类型的文件中，不易感染病毒的是_____。

A) *.txt   B) *.doc   C) *.com   D) *.exe

16. 计算机网络按地理范围可分为_____。

A)广域网、城域网和局域网

B)因特网、城域网和局域网

C)广域网、因特网和局域网

D)因特网、广域网和对等网

17. HTML 的正式名称是_____。

A)Internet 编程语言   B)超文本标记语言

C)主页制作语言   D)WWW 编程语言

18. 对于众多个人用户来说，接入因特网最经济、最简单、采用最多的方式是_____。

A)局域网连接   B)专线连接   C)电话拨号   D)无线连接

19. 在 Internet 中完成从域名到 IP 地址或者从 IP 到域名转换的是_____服务。

A)DNS   B)FTP   C)WWW   D)ADSL

20. 下列关于电子邮件的说法中错误的是_____。

A)发件人必须有自己的 E-mail 账户

B)必须知道收件人的 E-mail 地址

C)收件人必须有自己的邮政编码

D)可使用 Outlook Express 管理联系人信息

1	2	3	4	5	6	7	8	9	10
11	12	13	14	15	16	17	18	19	20

第 27 套

1. 计算机采用的主机电子器件的发展顺序是_____。

A) 晶体管、电子管、中小规模集成电路、大规模和超大规模集成电路

B) 电子管、晶体管、中小规模集成电路、大规模和超大规模集成电路

C) 晶体管、电子管、集成电路、芯片

D) 电子管、晶体管、集成电路、芯片

2. 专门为某种用途而设计的计算机，称为_____计算机。

A) 专用   B) 通用   C) 特殊   D) 模拟

3. CAM 的含义是_____。

A) 计算机辅助设计   B) 计算机辅助教学

C) 计算机辅助制造   D) 计算机辅助测试

4. 下列描述中不正确的是_____。

A) 多媒体技术最主要的两个特点是集成性和交互性

B) 所有计算机的字长都是固定不变的，都是 8 位

C) 计算机的存储容量是计算机的性能指标之一

D) 各种高级语言的编译系统都属于系统软件

5. 将十进制 257 转换成十六进制数是_____。

A) 11   B) 101   C) F1   D) FF

6. 下面不是汉字输入码的是_____。

A) 五笔字形码   B) 全拼编码   C) 双拼编码   D) ASCII 码

7. 计算机系统由_____组成。

A) 主机和显示器   B) 微处理器和软件

C) 硬件系统和应用软件   D) 硬件系统和软件系统

8. 计算机运算部件一次能同时处理的二进制数据的位数称为_____。

A) 位   B) 字节   C) 字长   D) 波特

9. 下列关于硬盘的说法错误的是_____。

A) 硬盘中的数据断电后不会丢失

B) 每个计算机主机有且只能有一块硬盘

C) 硬盘可以进行格式化处理

D) CPU 不能够直接访问硬盘中的数据

10. 半导体只读存储器（ROM）与半导体随机存取存储器（RAM）的主要区别在于_____。

    A）ROM 可以永久保存信息，RAM 在断电后信息会丢失

    B）ROM 断电后，信息会丢失，RAM 则不会

    C）ROM 是内存储器，RAM 是外存储器

    D）RAM 是内存储器，ROM 是外存储器

11. _____是系统部件之间传送信息的公共通道，各部件由总线连接并通过它传递数据和控制信号。

    A）总线   B）I/O 接口   C）电缆   D）扁缆

12. 计算机系统采用总线结构对存储器和外设进行协调。总线主要由_____3 个部分组成。

    A）数据总线、地址总线和控制总线

    B）输入总线、输出总线和控制总线

    C）外部总线、内部总线和中枢总线

    D）通信总线、接收总线和发送总线

13. 计算机软件系统包括_____。

    A）系统软件和应用软件   B）程序及其相关数据

    C）数据库及其管理软件   D）编译系统和应用软件

14. 计算机硬件能够直接识别和执行的语言是_____。

    A）C 语言   B）汇编语言   C）机器语言   D）符号语言

15. 计算机病毒破坏的主要对象是_____。

    A）优盘   B）磁盘驱动器   C）CPU   D）程序和数据

16. 下列有关计算机网络的说法错误的是_____。

    A）组成计算机网络的计算机设备是分布在不同地理位置的多台独立的"自治计算机"

    B）共享资源包括硬件资源和软件资源以及数据信息

    C）计算机网络提供资源共享的功能

    D）计算机网络中，每台计算机核心的基本部件，如 CPU、系统总线、网络接口等都要求存在，但不一定独立

17. 下列有关 Internet 的叙述中，错误的是_____。

    A）万维网就是因特网   B）因特网上提供了多种信息

    C）因特网是计算机网络的网络   D）因特网是国际计算机互联网

18. Internet 是覆盖全球的大型互联网络，用于链接多个远程网和局域网的互联设备主要是_____。

    A）路由器   B）主机   C）网桥   D）防火墙

19. 因特网上的服务都是基于某一种协议的，Web 服务是基于_____。

    A）SMTP 协议   B）SNMP 协议   C）HTTP 协议   D）TELNET 协议

20. IE 浏览器收藏夹的作用是_____。

A) 收集感兴趣的页面地址　　　　　　B) 记忆感兴趣的页面的内容

C) 收集感兴趣的文件内容　　　　　　D) 收集感兴趣的文件名

1	2	3	4	5	6	7	8	9	10

11	12	13	14	15	16	17	18	19	20

第 28 套

1. 世界上第一台电子计算机诞生于_____年。

    A) 1952　　　　　　B) 1946　　　　　　C) 1939　　　　　　D) 1958

2. 计算机的发展趋势是_____、微型化、网络化和智能化。

    A) 大型化　　　　　B) 小型化　　　　　C) 精巧化　　　　　D) 巨型化

3. 核爆炸和地震灾害之类的仿真模拟，其应用领域是_____。

    A) 计算机辅助　　　B) 科学计算　　　　C) 数据处理　　　　D) 实时控制

4. 下列关于计算机的主要特性，叙述错误的有_____。

    A) 处理速度快，计算精度高　　　　B) 存储容量大

    C) 逻辑判断能力一般　　　　　　　D) 网络和通信功能强

5. 二进制数 110000 转换成十六进制数是_____。

    A) 77　　　　　　　B) D7　　　　　　　C) 70　　　　　　　D) 30

6. 在计算机内部对汉字进行存储、处理和传输的汉字编码是_____。

    A) 汉字信息交换码　　　　　　　　B) 汉字输入码

    C) 汉字内码　　　　　　　　　　　D) 汉字字形码

7. 奔腾 (Pentium) 是_____公司生产的一种 CPU 的型号。

    A) IBM　　　　　　B) Microsoft　　　　C) Intel　　　　　　D) AMD

8. 下列不属于微型计算机的技术指标的一项是_____。

    A) 字节　　　　　　B) 时钟主频　　　　C) 运算速度　　　　D) 存取周期

9. 微机中访问速度最快的存储器是_____。

    A) CD-ROM　　　　B) 硬盘　　　　　　C) U 盘　　　　　　D) 内存

10. 在微型计算机技术中，通过系统_____把 CPU、存储器、输入设备和输出设备连接起来，实现信息交换。

    A) 总线　　　　　　B) I/O 接口　　　　C) 电缆　　　　　　D) 通道

11. 计算机最主要的工作特点是_____。

    A) 有记忆能力　　　　　　　　　　B) 高精度与高速度

    C) 可靠性与可用性　　　　　　　　D) 存储程序与自动控制

12. Word 字处理软件属于_____。

    A）管理软件   B）网络软件   C）应用软件   D）系统软件

13. 在下列叙述中，正确的选项是_____。

    A）用高级语言编写的程序称为源程序

    B）计算机直接识别并执行的是汇编语言编写的程序

    C）机器语言编写的程序需编译和链接后才能执行

    D）机器语言编写的程序具有良好的可移植性

14. 以下关于流媒体技术的说法中，错误的是_____。

    A）实现流媒体需要合适的缓存

    B）媒体文件全部下载完成才可以播放

    C）流媒体可用于在线直播等方面

    D）流媒体格式包括 asf、rm、ra 等

15. 计算机病毒实质上是_____。

    A）一些微生物   B）一类化学物质

    C）操作者的幻觉   D）一段程序

16. 计算机网络最突出的优点是_____。

    A）运算速度快   B）存储容量大

    C）运算容量大   D）可以实现资源共享

17. 因特网属于_____。

    A）万维网   B）广域网   C）城域网   D）局域网

18. 在一间办公室内要实现所有计算机联网，一般应选择_____网。

    A）GAN   B）MAN   C）LAN   D）WAN

19. 所有与 Internet 相连接的计算机必须遵守的一个共同协议是_____。

    A）http   B）IEEE 802. 11   C）TCP/IP   D）IPX

20. 下列 URL 的表示方法中，正确的是_____。

    A）http：//www. microsoft. com/index. html

    B）http： \ www. microsoft. com/index. html

    C）http：//www. microsoft. com \ index. html

    D）http：www. microsoft. com/index. htmp

1	2	3	4	5	6	7	8	9	10

11	12	13	14	15	16	17	18	19	20

第 29 套

1. 下面四条常用术语的叙述中，有错误的是_____。
   A) 光标是显示屏上指示位置的标志
   B) 汇编语言是一种面向机器的低级程序设计语言，用汇编语言编写的程序计算机能直接执行
   C) 总线是计算机系统中各部件之间传输信息的公共通路
   D) 读写磁头是既能从磁表面存储器读出信息又能把信息写入磁表面存储器的装置

2. 下面设备中，既能向主机输入数据又能接收由主机输出数据的设置是_____。
   A) CD-ROM   B) 显示器   C) 软磁盘存储器   D) 光笔

3. 执行二进制算术加运算盘 11001001+00100111 其运算结果是_____。
   A) 11101111   B) 11110000   C) 00000001   D) 10100010

4. 在十六进制数 CD 等值的十进制数是_____。
   A) 204   B) 205   C) 206   D) 203

5. 微型计算机硬件系统中最核心的部位是_____。
   A) 主板   B) CPU   C) 内存储器   D) I/O 设备

6. 微型计算机的主机包括_____。
   A) 运算器和控制器   B) CPU 和内存储器
   C) CPU 和 UPS   D) UPS 和内存储器

7. 计算机能直接识别和执行的语言是_____。
   A) 机器语言   B) 高级语言   C) 汇编语言   D) 数据库语言

8. 微型计算机，控制器的基本功能是_____。
   A) 进行计算运算和逻辑运算   B) 存储各种控制信息
   C) 保持各种控制状态   D) 控制机器各个部件协调一致地工作

9. 与十进制数 254 等值的二进制数是_____。
   A) 11111110   B) 11101111   C) 11111011   D) 11101110

10. 微型计算机存储系统中，PROM 是_____。
    A) 可读写存储器   B) 动态随机存储器
    C) 只读存储器   D) 可编程只读存储器

11. 执行二进制逻辑乘运算（即逻辑与运算）01011001 ∧ 10100111 其运算结果是_____。
    A) 00000000   B) 1111111   C) 00000001   D) 1111110

12. 下列几种存储器，存取周期最短的是_____。
    A) 内存储器   B) 光盘存储器   C) 硬盘存储器   D) 软盘存储器

13. 在微型计算机内存储器中不能用指令修改其存储内容的部分是_____。
    A) RAM   B) DRAM   C) ROM   D) SRAM

14. 计算机病毒是指_____。

A) 编制有错误的计算机程序

B) 设计不完善的计算机程序

C) 已被破坏的计算机程序

D) 以危害系统为目的的特殊计算机程序

15. CPU 中有一个程序计数器（又称指令计数器），它用于存储_____。

A) 正在执行的指令的内容

B) 下一条要执行的指令的内容

C) 正在执行的指令的内存地址

D) 下一条要执行的指令的内存地址

16. 下列四个无符号十进制整数中，能用八个进制位表示的是_____。

A) 257   B) 201   C) 313   D) 296

17. 下列关于系统软件的四条叙述中，正确的一条是_____。

A) 系统软件与具体应用领域无关

B) 系统软件与具体硬件逻辑功能无关

C) 系统软件是在应用软件基础上开发的

D) 系统软件并不是具体提供人机界面

18. 下列术语中，属于显示器性能指标的是_____。

A) 速度   B) 可靠性   C) 分辨率   D) 精度

19. 下列字符中，其 ASCII 码值最大的是_____。

A) 9   B) D   C) a   D) y

20. 下列四条叙述中，正确的一条是_____。

A) 假若 CPU 向外输出 20 位地址，则它能直接访问的存储空间可达 1MB

B) CP 机在使用过程中突然断电，SRAM 中存储的信息不会丢失

C) PC 机在使用过程中突然断电，DRAM 中存储的信息不会丢失

D) 外存储器中的信息可以直接被 CPU 处理

1	2	3	4	5	6	7	8	9	10
11	12	13	14	15	16	17	18	19	20

第 30 套

1. 世界上第一台电子计算机名叫_____。

A) EDVAC   B) ENIAC   C) EDSAC   D) MARK-II

2. 个人计算机属于_____。

A) 小型计算机　　　B) 巨型机算机　　　C) 大型主机　　　D) 微型计算机

3. 计算机辅助教育的英文缩写是_____。

A) CAD　　　B) CAE　　　C) CAM　　　D) CAI

4. 在计算机术语中，bit 的中文含义是_____。

A) 位　　　B) 字节　　　C) 字　　　D) 字长

5. 二进制数 00111101 转换成十进制数是_____。

A) 58　　　B) 59　　　C) 61　　　D) 65

6. 微型计算机普遍采用的字符编码是_____。

A) 原码　　　B) 补码　　　C) ASCII 码　　　D) 汉字编码

7. 标准 ASCII 码字符集共有_____个编码。

A) 128　　　B) 256　　　C) 34　　　D) 94

8. 微型计算机主机的主要组成部分有_____。

A) 运算器和控制器　　　　　　B) CPU 和硬盘

C) CPU 和显示器　　　　　　D) CPU 和内存储器

9. 通常用 MIPS 为单位来衡量计算机的性能，它指的是计算机的_____。

A) 传输速率　　　B) 存储容量　　　C) 字长　　　D) 运算速度

10. DRAM 存储器的中文含义是_____。

A) 静态随机存储器　　　　　　B) 动态随机存储器

C) 动态只读存储器　　　　　　D) 静态只读存储器

11. SRAM 存储器是_____。

A) 静态只读存储器　　　　　　B) 静态随机存储器

C) 动态只读存储器　　　　　　D) 动态随机存储器

12. 下列关于存储的叙述中，正确的是_____。

A) CPU 能直接访问存储在内存中的数据，也能直接访问存储在外存中的数据

B) CPU 不能直接访问存储在内存中的数据，能直接访问存储在外存中的数据

C) CPU 只能直接访问存储在内存中的数据，不能直接访问存储在外存中的数据

D) CPU 既不能直接访问存储在内存中的数据，也不能直接访问存储在外存中的数据

13. 通常所说的 I/O 设备是指_____。

A) 输入输出设备　　B) 通信设备　　　C) 网络设备　　　D) 控制设备

14. 下列各组设备中，全部属于输入设备的一组是_____。

A) 键盘、磁盘和打印机　　　　B) 键盘、扫描仪和鼠标

C) 键盘、鼠标和显示器　　　　D) 硬盘、打印机和键盘

15. 操作系统的功能是_____。

A) 将源程序编译成目标程序

B) 负责诊断计算机的故障

C) 控制和管理计算机系统的各种硬件和软件资源的使用

D) 负责外设与主机之间的信息交换

16. 将高级语言编写的程序翻译成机器语言程序，采用的两种翻译方法是_____。

　　A)编译和解释　　　B)编译和汇编　　　C)编译和连接　　　D)解释和汇编

17. 下列选项中，不属于计算机病毒特征的是_____。

　　A)破坏性　　　　　B)潜伏性　　　　　C)传染性　　　　　D)免疫性

18. 下列不属于网络拓扑结构形式的是_____。

　　A)星型　　　　　　B)环型　　　　　　C)总线型　　　　　D)分支型

19. 调制解调器的功能是_____。

　　A)将数字信号转换成模拟信号

　　B)将模拟信号转换成数字信号

　　C)将数字信号转换成其他信号

　　D)在数字信号与模拟信号之间进行转换

20. 下列关于使用 FTP 下载文件的说法中错误的是_____。

　　A)FTP 即文件传输协议

　　B)使用 FTP 协议在因特网上传输文件，这两台计算必须使用同样的操作系统

　　C)可以使用专用的 FTP 客户端下载文件

　　D)FTP 使用客户/服务器模式工作

1	2	3	4	5	6	7	8	9	10
11	12	13	14	15	16	17	18	19	20

第 31 套

1. 下列不属于第二代计算机特点的一项是_____。

　　A)采用电子管作为逻辑元件

　　B)运算速度为每秒几万~几十万条指令

　　C)内存主要采用磁芯

　　D)外存储器主要采用磁盘和磁带

2. 下列有关计算机的新技术的说法中，错误的是_____。

　　A)嵌入式技术是将计算机作为一个信息处理部件，嵌入到应用系统中的一种技术，也就是说，它将软件固化集成到硬件系统中，将硬件系统与软件系统一体化

　　B)网格计算利用互联网把分散在不同地理位置的电脑组织成一个"虚拟的超级计算机"

　　C)网格计算技术能够提供资源共享，实现应用程序的互连互通，网格计算与计算机网络是一回事

D)中间件是介于应用软件和操作系统之间的系统软件

3. 计算机辅助设计的简称是_____。

    A)CAT   B)CAM   C)CAI   D)CAD

4. 下列有关信息和数据的说法中，错误的是_____。

    A)数据是信息的载体

    B)数值、文字、语言、图形、图像等都是不同形式的数据

    C)数据处理之后产生的结果为信息，信息有意义，数据没有

    D)数据具有针对性、时效性

5. 十进制数 100 转换成二进制数是_____。

    A)01100100   B)01100101   C)01100110   D)01101000

6. 在下列各种编码中，每个字节最高位均是"1"的是_____。

    A)外码   B)汉字机内码   C)汉字国标码   D)ASCII 码

7. 一般计算机硬件系统的主要组成部件有五大部分，下列选项中不属于这五部分的是_____。

    A)输入设备和输出设备   B)软件

    C)运算器   D)控制器

8. 下列选项中不属于计算机的主要技术指标的是_____。

    A)字长   B)存储容量   C)重量   D)时钟主频

9. RAM 具有的特点是_____。

    A)海量存储

    B)存储在其中的信息可以永久保存

    C)一旦断电，存储在其上的信息将全部消失且无法恢复

    D)存储在其中的数据不能改写

10. 下面四种存储器中，属于数据易失性的存储器是_____。

    A)RAM   B)ROM   C)PROM   D)CD-ROM

11. 下列有关计算机结构的叙述中，错误的是_____。

    A)最早的计算机基本上采用直接连接的方式，冯·诺依曼研制的计算机 IAS，基本上就采用了直接连接的结构

    B)直接连接方式连接速度快，而且易于扩展

    C)数据总线的位数，通常与 CPU 的位数相对应

    D)现代计算机普遍采用总线结构

12. 下列有关总线和主板的叙述中，错误的是_____。

    A)外设可以直接挂在总线上

    B)总线体现在硬件上就是计算机主板

    C)主板上配有插 CPU、内存条、显示卡等的各类扩展槽或接口，而光盘驱动器和硬盘驱动器则通过扁缆与主板相连

    D)在电脑维修中，把 CPU、主板、内存、显卡加上电源所组成的系统叫最小化系统

13. 有关计算机软件，下列说法错误的是_____。

    A) 操作系统的种类繁多，按照其功能和特性可分为批处理操作系统、分时操作系统和实时操作系统等；按照同时管理用户数的多少分为单用户操作系统和多用户操作系统

    B) 操作系统提供了一个软件运行的环境，是最重要的系统软件

    C) Microsoft Office 软件是 Windows 环境下的办公软件，但它并不能用于其他操作系统环境

    D) 操作系统的功能主要是管理，即管理计算机的所有软件资源，硬件资源不归操作系统管理

14. _____是一种符号化的机器语言。

    A) C 语言   B) 汇编语言   C) 机器语言   D) 计算机语言

15. 相对而言，下列类型的文件中，不易感染病毒的是_____。

    A) *.txt   B) *.doc   C) *.com   D) *.exe

16. 计算机网络按地理范围可分为_____。

    A) 广域网、城域网和局域网   B) 因特网、城域网和局域网

    C) 广域网、因特网和局域网   D) 因特网、广域网和对等网

17. HTML 的正式名称是_____。

    A) Internet 编程语言   B) 超文本标记语言

    C) 主页制作语言   D) WWW 编程语言

18. 对于众多个人用户来说，接入因特网最经济、最简单、采用最多的方式是_____。

    A) 局域网连接   B) 专线连接   C) 电话拨号   D) 无线连接

19. 在 Internet 中完成从域名到 IP 地址或者从 IP 到域名转换的是_____服务。

    A) DNS   B) FTP

    C) WWW   D) ADSL

20. 下列关于电子邮件的说法中错误的是_____。

    A) 发件人必须有自己的 E-mail 账户

    B) 必须知道收件人的 E-mail 地址

    C) 收件人必须有自己的邮政编码

    D) 可使用 Outlook Express 管理联系人信息

1	2	3	4	5	6	7	8	9	10
11	12	13	14	15	16	17	18	19	20

第 32 套

1. 计算机采用的主机电子器件的发展顺序是_____。

   A) 晶体管、电子管、中小规模集成电路、大规模和超大规模集成电路

   B) 电子管、晶体管、中小规模集成电路、大规模和超大规模集成电路

   C) 晶体管、电子管、集成电路、芯片

   D) 电子管、晶体管、集成电路、芯片

2. 专门为某种用途而设计的计算机，称为_____计算机。

   A) 专用　　　　　　B) 通用　　　　　　C) 特殊　　　　　　D) 模拟

3. CAM 的含义是_____。

   A) 计算机辅助设计　　　　　　B) 计算机辅助教学

   C) 计算机辅助制造　　　　　　D) 计算机辅助测试

4. 下列描述中不正确的是_____。

   A) 多媒体技术最主要的两个特点是集成性和交互性

   B) 所有计算机的字长都是固定不变的，都是 8 位

   C) 计算机的存储容量是计算机的性能指标之一

   D) 各种高级语言的编译系统都属于系统软件

5. 将十进制 257 转换成十六进制数是_____。

   A) 11　　　　　　B) 101　　　　　　C) F1　　　　　　D) FF

6. 下面不是汉字输入码的是_____。

   A) 五笔字形码　　B) 全拼编码　　C) 双拼编码　　D) ASCII 码

7. 计算机系统由_____组成。

   A) 主机和显示器

   B) 微处理器和软件

   C) 硬件系统和应用软件

   D) 硬件系统和软件系统

8. 计算机运算部件一次能同时处理的二进制数据的位数称为_____。

   A) 位　　　　　　B) 字节　　　　　　C) 字长　　　　　　D) 波特

9. 下列关于硬盘的说法错误的是_____。

   A) 硬盘中的数据断电后不会丢失

   B) 每个计算机主机有且只能有一块硬盘

   C) 硬盘可以进行格式化处理

   D) CPU 不能够直接访问硬盘中的数据

10. 半导体只读存储器（ROM）与半导体随机存取存储器（RAM）的主要区别在于_____。

   A) ROM 可以永久保存信息，RAM 在断电后信息会丢失

   B) ROM 断电后，信息会丢失，RAM 则不会

C）ROM 是内存储器，RAM 是外存储器

D）RAM 是内存储器，ROM 是外存储器

11. _____是系统部件之间传送信息的公共通道，各部件由总线连接并通过它传递数据和控制信号。

    A）总线   B）I/O 接口   C）电缆   D）扁缆

12. 计算机系统采用总线结构对存储器和外设进行协调。总线主要由_____ 3 部分组成。

    A）数据总线、地址总线和控制总线

    B）输入总线、输出总线和控制总线

    C）外部总线、内部总线和中枢总线

    D）通信总线、接收总线和发送总线

13. 计算机软件系统包括_____。

    A）系统软件和应用软件   B）程序及其相关数据

    C）数据库及其管理软件   D）编译系统和应用软件

14. 计算机硬件能够直接识别和执行的语言是_____。

    A）C 语言   B）汇编语言   C）机器语言   D）符号语言

15. 计算机病毒破坏的主要对象是_____。

    A）优盘   B）磁盘驱动器   C）CPU   D）程序和数据

16. 下列有关计算机网络的说法错误的是_____。

    A）组成计算机网络的计算机设备是分布在不同地理位置的多台独立的"自治计算机"

    B）共享资源包括硬件资源和软件资源以及数据信息

    C）计算机网络提供资源共享的功能

    D）计算机网络中，每台计算机核心的基本部件，如 CPU、系统总线、网络接口等都要求存在，但不一定独立

17. 下列有关 Internet 的叙述中，错误的是_____。

    A）万维网就是因特网

    B）因特网上提供了多种信息

    C）因特网是计算机网络的网络

    D）因特网是国际计算机互联网

18. Internet 是覆盖全球的大型互联网络，用于链接多个远程网和局域网的互联设备主要是_____。

    A）路由器   B）主机   C）网桥   D）防火墙

19. 因特网上的服务都是基于某一种协议的，Web 服务是基于_____。

    A）SMTP 协议   B）SNMP 协议   C）HTTP 协议   D）TELNET 协议

20. IE 浏览器收藏夹的作用是_____。

    A）收集感兴趣的页面地址   B）记忆感兴趣的页面的内容

    C）收集感兴趣的文件内容   D）收集感兴趣的文件名

1	2	3	4	5	6	7	8	9	10
11	12	13	14	15	16	17	18	19	20

第 33 套

1. 世界上第一台电子计算机诞生于_____年。
   A）1952　　　　　B）1946　　　　　C）1939　　　　　D）1958

2. 计算机的发展趋势是_____、微型化、网络化和智能化。
   A）大型化　　　　B）小型化　　　　C）精巧化　　　　D）巨型化

3. 核爆炸和地震灾害之类的仿真模拟，其应用领域是_____。
   A）计算机辅助　　B）科学计算　　　C）数据处理　　　D）实时控制

4. 下列关于计算机的主要特性，叙述错误的有_____。
   A）处理速度快，计算精度高　　　　B）存储容量大
   C）逻辑判断能力一般　　　　　　　D）网络和通信功能强

5. 二进制数 110000 转换成十六进制数是_____。
   A）77　　　　　　B）D7　　　　　　C）70　　　　　　D）30

6. 在计算机内部对汉字进行存储、处理和传输的汉字编码是_____。
   A）汉字信息交换码　　　　　　　　B）汉字输入码
   C）汉字内码　　　　　　　　　　　D）汉字字形码

7. 奔腾（Pentium）是_____公司生产的一种 CPU 的型号。
   A）IBM　　　　　B）Microsoft　　　C）Intel　　　　　D）AMD

8. 下列不属于微型计算机的技术指标的一项是_____。
   A）字节　　　　　B）时钟主频　　　C）运算速度　　　D）存取周期

9. 微机中访问速度最快的存储器是_____。
   A）CD-ROM　　　B）硬盘　　　　　C）U 盘　　　　　D）内存

10. 在微型计算机技术中，通过系统_____把 CPU、存储器、输入设备和输出设备连接起来，实现信息交换。
   A）总线　　　　　B）I/O 接口　　　C）电缆　　　　　D）通道

11. 计算机最主要的工作特点是_____。
   A）有记忆能力　　　　　　　　　　B）高精度与高速度
   C）可靠性与可用性　　　　　　　　D）存储程序与自动控制

12. Word 字处理软件属于_____。
   A）管理软件　　　B）网络软件　　　C）应用软件　　　D）系统软件

13. 在下列叙述中，正确的选项是_____。

A）用高级语言编写的程序称为源程序

B）计算机直接识别并执行的是汇编语言编写的程序

C）机器语言编写的程序需编译和链接后才能执行

D）机器语言编写的程序具有良好的可移植性

14. 以下关于流媒体技术的说法中，错误的是_____。

A）实现流媒体需要合适的缓存

B）媒体文件全部下载完成才可以播放

C）流媒体可用于在线直播等方面

D）流媒体格式包括 asf、rm、ra 等

15. 计算机病毒实质上是_____。

A）一些微生物　　　B）一类化学物质　　　C）操作者的幻觉　　　D）一段程序

16. 计算机网络最突出的优点是_____。

A）运算速度快　　　B）存储容量大　　　C）运算容量大　　　D）可以实现资源共享

17. 因特网属于_____。

A）万维网　　　　　B）广域网　　　　　C）城域网　　　　　D）局域网

18. 在一间办公室内要实现所有计算机联网，一般应选择_____网。

A）GAN　　　　　　B）MAN　　　　　　C）LAN　　　　　　D）WAN

19. 所有与 Internet 相连接的计算机必须遵守的一个共同协议是_____。

A）http　　　　　　B）IEEE 802.11　　　C）TCP/IP　　　　　D）IPX

20. 下列 URL 的表示方法中，正确的是_____。

A）http：//www. microsoft. com/index. html

B）http：\ www. microsoft. com/index. html

C）http：//www. microsoft. com \ index. html

D）http：www. microsoft. com/index. htmp

1	2	3	4	5	6	7	8	9	10
11	12	13	14	15	16	17	18	19	20

第 34 套

1. 下面四条常用术语的叙述中，有错误的是_____。

A）光标是显示屏上指示位置的标志

B）汇编语言是一种面向机器的低级程序设计语言，用汇编语言编写的程序计算机

能直接执行

C)总线是计算机系统中各部件之间传输信息的公共通路

D)读写磁头是既能从磁表面存储器读出信息又能把信息写入磁表面存储器的装置

2. 下面设备中，既能向主机输入数据又能接收由主机输出数据的设置是_____。

A)CD-ROM　　　　B)显示器　　　　C)软磁盘存储器　　D)光笔

3. 执行二进制算术加运算盘 11001001+00100111 其运算结果是_____。

A)11101111　　　　B)11110000　　　　C)00000001　　　　D)10100010

4. 在十六进制数 CD 等值的十进制数是_____。

A)204　　　　　　B)205　　　　　　C)206　　　　　　D)203

5. 微型计算机硬件系统中最核心的部位是_____。

A)主板　　　　　　B)CPU　　　　　　C)内存储器　　　　D)I/O 设备

6. 微型计算机的主机包括_____。

A)运算器和控制器　　　　　　B)CPU 和内存储器

C)CPU 和 UPS　　　　　　　　D)UPS 和内存储器

7. 计算机能直接识别和执行的语言是_____。

A)机器语言　　　B)高级语言　　　C)汇编语言　　　D)数据库语言

8. 微型计算机，控制器的基本功能是_____。

A)进行计算运算和逻辑运算

B)存储各种控制信息

C)保持各种控制状态

D)控制机器各个部件协调一致地工作

9. 与十进制数 254 等值的二进制数是_____。

A)11111110　　　B)11101111　　　C)11111011　　　D)11101110

10. 微型计算机存储系统中，PROM 是_____。

A)可读写存储器　　　　　　B)动态随机存储器

C)只读存储器　　　　　　　D)可编程只读存储器

11. 执行二进制逻辑乘运算（即逻辑与运算）01011001∧10100111 其运算结果是_____。

A)00000000　　　B)1111111　　　C)00000001　　　D)1111110

12. 下列几种存储器，存取周期最短的是_____。

A)内存储器　　　B)光盘存储器　　　C)硬盘存储器　　　D)软盘存储器

13. 在微型计算机内存储器中不能用指令修改其存储内容的部分是_____。

A)RAM　　　　　B)DRAM　　　　　C)ROM　　　　　D)SRAM

14. 计算机病毒是指_____。

A)编制有错误的计算机程序

B)设计不完善的计算机程序

C)已被破坏的计算机程序

D)以危害系统为目的的特殊计算机程序

15. CPU 中有一个程序计数器(又称指令计数器)，它用于存储_____。

A)正在执行的指令的内容

B)下一条要执行的指令的内容

C)正在执行的指令的内存地址

D)下一条要执行的指令的内存地址

16. 下列四个无符号十进制整数中，能用八个进制位表示的是_____。

A)257　　　　　B)201　　　　　C)313　　　　　D)296

17. 下列关于系统软件的四条叙述中，正确的一条是_____。

A)系统软件与具体应用领域无关

B)系统软件与具体硬件逻辑功能无关

C)系统软件是在应用软件基础上开发的

D)系统软件并不是具体提供人机界面

18. 下列术语中，属于显示器性能指标的是_____。

A)速度　　　　　B)可靠性　　　　　C)分辨率　　　　　D)精度

19. 下列字符中，其 ASCII 码值最大的是_____。

A)9　　　　　B)D　　　　　C)a　　　　　D)y

20. 下列四条叙述中，正确的一条是_____。

A)假若 CPU 向外输出 20 位地址，则它能直接访问的存储空间可达 1MB

B)CP 机在使用过程中突然断电，SRAM 中存储的信息不会丢失

C)PC 机在使用过程中突然断电，DRAM 中存储的信息不会丢失

D)外存储器中的信息可以直接被 CPU 处理

1	2	3	4	5	6	7	8	9	10
11	12	13	14	15	16	17	18	19	20

第 35 套

1. 世界上第一台电子计算机名叫_____。

A)EDVAC　　　　B)ENIAC　　　　C)EDSAC　　　　D)MARK-II

2. 个人计算机属于_____。

A)小型计算机　　　B)巨型机算机　　　C)大型主机　　　D)微型计算机

3. 计算机辅助教育的英文缩写是_____。

A)CAD　　　　　B)CAE　　　　　C)CAM　　　　　D)CAI

4. 在计算机术语中，bit 的中文含义是_____。

A)位 B)字节 C)字 D)字长

5. 二进制数 00111101 转换成十进制数是_____。

A)58 B)59 C)61 D)65

6. 微型计算机普遍采用的字符编码是_____。

A)原码 B)补码 C)ASCII 码 D)汉字编码

7. 标准 ASCII 码字符集共有_____个编码。

A)128 B)256 C)34 D)94

8. 微型计算机主机的主要组成部分有_____。

A)运算器和控制器 B)CPU 和硬盘

C)CPU 和显示器 D)CPU 和内存储器

9. 通常用 MIPS 为单位来衡量计算机的性能，它指的是计算机的_____。

A)传输速率 B)存储容量 C)字长 D)运算速度

10. DRAM 存储器的中文含义是_____。

A)静态随机存储器 B)动态随机存储器

C)动态只读存储器 D)静态只读存储器

11. SRAM 存储器是_____。

A)静态只读存储器 B)静态随机存储器

C)动态只读存储器 D)动态随机存储器

12. 下列关于存储的叙述中，正确的是_____。

A)CPU 能直接访问存储在内存中的数据，也能直接访问存储在外存中的数据

B)CPU 不能直接访问存储在内存中的数据，能直接访问存储在外存中的数据

C)CPU 只能直接访问存储在内存中的数据，不能直接访问存储在外存中的数据

D)CPU 既不能直接访问存储在内存中的数据，也不能直接访问存储在外存中的数据

13. 通常所说的 I/O 设备是指_____。

A)输入输出设备 B)通信设备 C)网络设备 D)控制设备

14. 下列各组设备中，全部属于输入设备的一组是_____。

A)键盘、磁盘和打印机 B)键盘、扫描仪和鼠标

C)键盘、鼠标和显示器 D)硬盘、打印机和键盘

15. 操作系统的功能是_____。

A)将源程序编译成目标程序

B)负责诊断计算机的故障

C)控制和管理计算机系统的各种硬件和软件资源的使用

D)负责外设与主机之间的信息交换

16. 将高级语言编写的程序翻译成机器语言程序，采用的两种翻译方法是_____。

A)编译和解释 B)编译和汇编 C)编译和连接 D)解释和汇编

17. 下列选项中，不属于计算机病毒特征的是_____。

A)破坏性 B)潜伏性 C)传染性 D)免疫性

18. 下列不属于网络拓扑结构形式的是_____。

    A)星型   B)环型   C)总线型   D)分支型

19. 调制解调器的功能是_____。

    A)将数字信号转换成模拟信号

    B)将模拟信号转换成数字信号

    C)将数字信号转换成其他信号

    D)在数字信号与模拟信号之间进行转换

20. 下列关于使用 FTP 下载文件的说法中错误的是_____。

    A)FTP 即文件传输协议

    B)使用 FTP 协议在因特网上传输文件，这两台计算必须使用同样的操作系统

    C)可以使用专用的 FTP 客户端下载文件

    D)FTP 使用客户/服务器模式工作

1	2	3	4	5	6	7	8	9	10

11	12	13	14	15	16	17	18	19	20

第 36 套

1. 下列不属于第二代计算机特点的一项是_____。

    A)采用电子管作为逻辑元件

    B)运算速度为每秒几万~几十万条指令

    C)内存主要采用磁芯

    D)外存储器主要采用磁盘和磁带

2. 下列有关计算机的新技术的说法中，错误的是_____。

    A)嵌入式技术是将计算机作为一个信息处理部件，嵌入到应用系统中的一种技术，也就是说，它将软件固化集成到硬件系统中，将硬件系统与软件系统一体化

    B)网格计算利用互联网把分散在不同地理位置的电脑组织成一个"虚拟的超级计算机"

    C)网格计算技术能够提供资源共享，实现应用程序的互连互通，网格计算与计算机网络是一回事

    D)中间件是介于应用软件和操作系统之间的系统软件

3. 计算机辅助设计的简称是_____。

    A)CAT   B)CAM   C)CAI   D)CAD

4. 下列有关信息和数据的说法中，错误的是_____。

A）数据是信息的载体

B）数值、文字、语言、图形、图像等都是不同形式的数据

C）数据处理之后产生的结果为信息，信息有意义，数据没有

D）数据具有针对性、时效性

5. 十进制数 100 转换成二进制数是_____。

    A）01100100   B）01100101   C）01100110   D）01101000

6. 在下列各种编码中，每个字节最高位均是"1"的是_____。

    A）外码   B）汉字机内码   C）汉字国标码   D）ASCII 码

7. 一般计算机硬件系统的主要组成部件有五大部分，下列选项中不属于这五部分的是_____。

    A）输入设备和输出设备   B）软件

    C）运算器   D）控制器

8. 下列选项中不属于计算机的主要技术指标的是_____。

    A）字长   B）存储容量   C）重量   D）时钟主频

9. RAM 具有的特点是_____。

    A）海量存储

    B）存储在其中的信息可以永久保存

    C）一旦断电，存储在其上的信息将全部消失且无法恢复

    D）存储在其中的数据不能改写

10. 下面四种存储器中，属于数据易失性的存储器是_____。

    A）RAM   B）ROM   C）PROM   D）CD-ROM

11. 下列有关计算机结构的叙述中，错误的是_____。

    A）最早的计算机基本上采用直接连接的方式，冯·诺依曼研制的计算机 IAS，基本上就采用了直接连接的结构

    B）直接连接方式连接速度快，而且易于扩展

    C）数据总线的位数，通常与 CPU 的位数相对应

    D）现代计算机普遍采用总线结构

12. 下列有关总线和主板的叙述中，错误的是_____。

    A）外设可以直接挂在总线上

    B）总线体现在硬件上就是计算机主板

    C）主板上配有插 CPU、内存条、显示卡等的各类扩展槽或接口，而光盘驱动器和硬盘驱动器则通过扁缆与主板相连

    D）在电脑维修中，把 CPU、主板、内存、显卡加上电源所组成的系统叫最小化系统

13. 有关计算机软件，下列说法错误的是_____。

    A）操作系统的种类繁多，按照其功能和特性可分为批处理操作系统、分时操作系统和实时操作系统等；按照同时管理用户数的多少分为单用户操作系统和多用户操作系统

B）操作系统提供了一个软件运行的环境，是最重要的系统软件

C）Microsoft Office 软件是 Windows 环境下的办公软件，但它并不能用于其他操作系统环境

D）操作系统的功能主要是管理，即管理计算机的所有软件资源，硬件资源不归操作系统管理

14. _____是一种符号化的机器语言。

　　A）C 语言　　　　B）汇编语言　　　C）机器语言　　　D）计算机语言

15. 相对而言，下列类型的文件中，不易感染病毒的是_____。

　　A）*.txt　　　　B）*.doc　　　　C）*.com　　　　D）*.exe

16. 计算机网络按地理范围可分为_____。

　　A）广域网、城域网和局域网　　　　B）因特网、城域网和局域网

　　C）广域网、因特网和局域网　　　　D）因特网、广域网和对等网

17. HTML 的正式名称是_____。

　　A）Internet 编程语言　　　　　　B）超文本标记语言

　　C）主页制作语言　　　　　　　　D）WWW 编程语言

18. 对于众多个人用户来说，接入因特网最经济、最简单、采用最多的方式是_____。

　　A）局域网连接　　B）专线连接　　　C）电话拨号　　　D）无线连接

19. 在 Internet 中完成从域名到 IP 地址或者从 IP 到域名转换的是_____服务。

　　A）DNS　　　　　B）FTP　　　　　C）WWW　　　　D）ADSL

20. 下列关于电子邮件的说法中错误的是_____。

　　A）发件人必须有自己的 E-mail 账户

　　B）必须知道收件人的 E-mail 地址

　　C）收件人必须有自己的邮政编码

　　D）可使用 Outlook Express 管理联系人信息

1	2	3	4	5	6	7	8	9	10
11	12	13	14	15	16	17	18	19	20

第 37 套

1. 计算机采用的主机电子器件的发展顺序是_____。

　　A）晶体管、电子管、中小规模集成电路、大规模和超大规模集成电路

　　B）电子管、晶体管、中小规模集成电路、大规模和超大规模集成电路

C)晶体管、电子管、集成电路、芯片

D)电子管、晶体管、集成电路、芯片

2. 专门为某种用途而设计的计算机，称为_____计算机。

A)专用　　　　　　B)通用　　　　　　C)特殊　　　　　　D)模拟

3. CAM 的含义是_____。

A)计算机辅助设计　　　　　　　　B)计算机辅助教学

C)计算机辅助制造　　　　　　　　D)计算机辅助测试

4. 下列描述中不正确的是_____。

A)多媒体技术最主要的两个特点是集成性和交互性

B)所有计算机的字长都是固定不变的，都是 8 位

C)计算机的存储容量是计算机的性能指标之一

D)各种高级语言的编译系统都属于系统软件

5. 将十进制 257 转换成十六进制数是_____。

A)11　　　　　　B)101　　　　　　C)F1　　　　　　D)FF

6. 下面不是汉字输入码的是_____。

A)五笔字形码　　B)全拼编码　　　C)双拼编码　　　D)ASCII 码

7. 计算机系统由_____组成。

A)主机和显示器　　　　　　　　　B)微处理器和软件

C)硬件系统和应用软件　　　　　　D)硬件系统和软件系统

8. 计算机运算部件一次能同时处理的二进制数据的位数称为_____。

A)位　　　　　　B)字节　　　　　　C)字长　　　　　　D)波特

9. 下列关于硬盘的说法错误的是_____。

A)硬盘中的数据断电后不会丢失

B)每个计算机主机有且只能有一块硬盘

C)硬盘可以进行格式化处理

D)CPU 不能够直接访问硬盘中的数据

10. 半导体只读存储器（ROM）与半导体随机存取存储器（RAM）的主要区别在于_____。

A)ROM 可以永久保存信息，RAM 在断电后信息会丢失

B)ROM 断电后，信息会丢失，RAM 则不会

C)ROM 是内存储器，RAM 是外存储器

D)RAM 是内存储器，ROM 是外存储器

11. _____是系统部件之间传送信息的公共通道，各部件由总线连接并通过它传递数据和控制信号。

A)总线　　　　　　B)I/O 接口　　　　C)电缆　　　　　　D)扁缆

12. 计算机系统采用总线结构对存储器和外设进行协调。总线主要由_____3 部分组成。

A)数据总线、地址总线和控制总线

B) 输入总线、输出总线和控制总线

C) 外部总线、内部总线和中枢总线

D) 通信总线、接收总线和发送总线

13. 计算机软件系统包括_____。

    A) 系统软件和应用软件   B) 程序及其相关数据

    C) 数据库及其管理软件   D) 编译系统和应用软件

14. 计算机硬件能够直接识别和执行的语言是_____。

    A) C 语言   B) 汇编语言   C) 机器语言   D) 符号语言

15. 计算机病毒破坏的主要对象是_____。

    A) 优盘   B) 磁盘驱动器   C) CPU   D) 程序和数据

16. 下列有关计算机网络的说法错误的是_____。

    A) 组成计算机网络的计算机设备是分布在不同地理位置的多台独立的"自治计算机"

    B) 共享资源包括硬件资源和软件资源以及数据信息

    C) 计算机网络提供资源共享的功能

    D) 计算机网络中，每台计算机核心的基本部件，如 CPU、系统总线、网络接口等都要求存在，但不一定独立

17. 下列有关 Internet 的叙述中，错误的是_____。

    A) 万维网就是因特网

    B) 因特网上提供了多种信息

    C) 因特网是计算机网络的网络

    D) 因特网是国际计算机互联网

18. Internet 是覆盖全球的大型互联网络，用于链接多个远程网和局域网的互联设备主要是_____。

    A) 路由器   B) 主机   C) 网桥   D) 防火墙

19. 因特网上的服务都是基于某一种协议的，Web 服务是基于_____。

    A) SMTP 协议   B) SNMP 协议   C) HTTP 协议   D) TELNET 协议

20. IE 浏览器收藏夹的作用是_____。

    A) 收集感兴趣的页面地址   B) 记忆感兴趣的页面的内容

    C) 收集感兴趣的文件内容   D) 收集感兴趣的文件名

1	2	3	4	5	6	7	8	9	10
11	12	13	14	15	16	17	18	19	20

第 38 套

1. 世界上第一台电子计算机诞生于_____年。
   A)1952　　　　　B)1946　　　　　C)1939　　　　　D)1958

2. 计算机的发展趋势是_____、微型化、网络化和智能化。
   A)大型化　　　　B)小型化　　　　C)精巧化　　　　D)巨型化

3. 核爆炸和地震灾害之类的仿真模拟，其应用领域是_____。
   A)计算机辅助　　B)科学计算　　　C)数据处理　　　D)实时控制

4. 下列关于计算机的主要特性，叙述错误的有_____。
   A)处理速度快，计算精度高　　　　B)存储容量大
   C)逻辑判断能力一般　　　　　　　D)网络和通信功能强

5. 二进制数 110000 转换成十六进制数是_____。
   A)77　　　　　　B)D7　　　　　　C)70　　　　　　D)30

6. 在计算机内部对汉字进行存储、处理和传输的汉字编码是_____。
   A)汉字信息交换码　　　　　　　　B)汉字输入码
   C)汉字内码　　　　　　　　　　　D)汉字字形码

7. 奔腾(Pentium)是_____公司生产的一种 CPU 的型号。
   A)IBM　　　　　B)Microsoft　　　C)Intel　　　　　D)AMD

8. 下列不属于微型计算机的技术指标的一项是_____。
   A)字节　　　　　B)时钟主频　　　C)运算速度　　　D)存取周期

9. 微机中访问速度最快的存储器是_____。
   A)CD-ROM　　　B)硬盘　　　　　C)U 盘　　　　　D)内存

10. 在微型计算机技术中，通过系统_____把 CPU、存储器、输入设备和输出设备连接起来，实现信息交换。
    A)总线　　　　　B)I/O 接口　　　C)电缆　　　　　D)通道

11. 计算机最主要的工作特点是_____。
    A)有记忆能力　　　　　　　　　　B)高精度与高速度
    C)可靠性与可用性　　　　　　　　D)存储程序与自动控制

12. Word 字处理软件属于_____。
    A)管理软件　　　B)网络软件　　　C)应用软件　　　D)系统软件

13. 在下列叙述中，正确的选项是_____。
    A)用高级语言编写的程序称为源程序
    B)计算机直接识别并执行的是汇编语言编写的程序
    C)机器语言编写的程序需编译和链接后才能执行
    D)机器语言编写的程序具有良好的可移植性

14. 以下关于流媒体技术的说法中，错误的是_____。
    A)实现流媒体需要合适的缓存

B）媒体文件全部下载完成才可以播放

C）流媒体可用于在线直播等方面

D）流媒体格式包括 asf、rm、ra 等

15. 计算机病毒实质上是_____。

    A）一些微生物   B）一类化学物质   C）操作者的幻觉   D）一段程序

16. 计算机网络最突出的优点是_____。

    A）运算速度快   B）存储容量大

    C）运算容量大   D）可以实现资源共享

17. 因特网属于_____。

    A）万维网   B）广域网   C）城域网   D）局域网

18. 在一间办公室内要实现所有计算机联网，一般应选择_____网。

    A）GAN   B）MAN   C）LAN   D）WAN

19. 所有与 Internet 相连接的计算机必须遵守的一个共同协议是_____。

    A）http   B）IEEE 802.11   C）TCP/IP   D）IPX

20. 下列 URL 的表示方法中，正确的是_____。

    A）http：//www. microsoft. com/index. html

    B）http：\ www. microsoft. com/index. html

    C）http：//www. microsoft. com \ index. html

    D）http：www. microsoft. com/index. htmp

1	2	3	4	5	6	7	8	9	10
11	12	13	14	15	16	17	18	19	20

第 39 套

1. 下面四条常用术语的叙述中，有错误的是_____。

    A）光标是显示屏上指示位置的标志

    B）汇编语言是一种面向机器的低级程序设计语言，用汇编语言编写的程序计算机能直接执行

    C）总线是计算机系统中各部件之间传输信息的公共通路

    D）读写磁头是既能从磁表面存储器读出信息又能把信息写入磁表面存储器的装置

2. 下面设备中，既能向主机输入数据又能接收由主机输出数据的设置是_____。

    A）CD-ROM   B）显示器   C）软磁盘存储器   D）光笔

3. 执行二进制算术加运算盘 11001001+00100111 其运算结果是_____。

A）11101111　　　　B）11110000　　　　C）00000001　　　　D）10100010

4. 在十六进制数 CD 等值的十进制数是_____。

　　A）204　　　　　　B）205　　　　　　C）206　　　　　　D）203

5. 微型计算机硬件系统中最核心的部位是_____。

　　A）主板　　　　　B）CPU　　　　　C）内存储器　　　　D）I/O 设备

6. 微型计算机的主机包括_____。

　　A）运算器和控制器　　　　　　　　B）CPU 和内存储器

　　C）CPU 和 UPS　　　　　　　　　D）UPS 和内存储器

7. 计算机能直接识别和执行的语言是_____。

　　A）机器语言　　　B）高级语言　　　C）汇编语言　　　D）数据库语言

8. 微型计算机，控制器的基本功能是_____。

　　A）进行计算运算和逻辑运算

　　B）存储各种控制信息

　　C）保持各种控制状态

　　D）控制机器各个部件协调一致地工作

9. 与十进制数 254 等值的二进制数是_____。

　　A）11111110　　　B）11101111　　　C）11111011　　　D）11101110

10. 微型计算机存储系统中，PROM 是_____。

　　A）可读写存储器　　　　　　　　B）动态随机存储器

　　C）只读存储器　　　　　　　　　D）可编程只读存储器

11. 执行二进制逻辑乘运算（即逻辑与运算）01011001 ∧ 10100111 其运算结果是_____。

　　A）00000000　　　B）1111111　　　C）00000001　　　D）1111110

12. 下列几种存储器，存取周期最短的是_____。

　　A）内存储器　　　B）光盘存储器　　C）硬盘存储器　　D）软盘存储器

13. 在微型计算机内存储器中不能用指令修改其存储内容的部分是_____。

　　A）RAM　　　　　B）DRAM　　　　C）ROM　　　　　D）SRAM

14. 计算机病毒是指_____。

　　A）编制有错误的计算机程序

　　B）设计不完善的计算机程序

　　C）已被破坏的计算机程序

　　D）以危害系统为目的的特殊计算机程序

15. CPU 中有一个程序计数器（又称指令计数器），它用于存储_____。

　　A）正在执行的指令的内容

　　B）下一条要执行的指令的内容

　　C）正在执行的指令的内存地址

　　D）下一条要执行的指令的内存地址

16. 下列四个无符号十进制整数中，能用八个进制位表示的是_____。

A)257   B)201   C)313   D)296

17. 下列关于系统软件的四条叙述中，正确的一条是_____。

A)系统软件与具体应用领域无关

B)系统软件与具体硬件逻辑功能无关

C)系统软件是在应用软件基础上开发的

D)系统软件并不是具体提供人机界面

18. 下列术语中，属于显示器性能指标的是_____。

A)速度   B)可靠性   C)分辨率   D)精度

19. 下列字符中，其 ASCII 码值最大的是_____。

A)9   B)D   C)a   D)y

20. 下列四条叙述中，正确的一条是_____。

A)假若 CPU 向外输出 20 位地址，则它能直接访问的存储空间可达 1MB

B)CP 机在使用过程中突然断电，SRAM 中存储的信息不会丢失

C)PC 机在使用过程中突然断电，DRAM 中存储的信息不会丢失

D)外存储器中的信息可以直接被 CPU 处理

1	2	3	4	5	6	7	8	9	10
11	12	13	14	15	16	17	18	19	20

第 40 套

1. 世界上第一台电子计算机名叫_____。
A)EDVAC   B)ENIAC   C)EDSAC   D)MARK-II

2. 个人计算机属于_____。
A)小型计算机   B)巨型机算机   C)大型主机   D)微型计算机

3. 计算机辅助教育的英文缩写是_____。
A)CAD   B)CAE   C)CAM   D)CAI

4. 在计算机术语中，bit 的中文含义是_____。
A)位   B)字节   C)字   D)字长

5. 二进制数 00111101 转换成十进制数是_____。
A)58   B)59   C)61   D)65

6. 微型计算机普遍采用的字符编码是_____。
A)原码   B)补码   C)ASCII 码   D)汉字编码

7. 标准 ASCII 码字符集共有_____个编码。

A)128   B)256   C)34   D)94

8. 微型计算机主机的主要组成部分有_____。

  A)运算器和控制器   B)CPU 和硬盘

  C)CPU 和显示器   D)CPU 和内存储器

9. 通常用 MIPS 为单位来衡量计算机的性能,它指的是计算机的_____。

  A)传输速率   B)存储容量   C)字长   D)运算速度

10. DRAM 存储器的中文含义是_____。

  A)静态随机存储器   B)动态随机存储器

  C)动态只读存储器   D)静态只读存储器

11. SRAM 存储器是_____。

  A)静态只读存储器   B)静态随机存储器

  C)动态只读存储器   D)动态随机存储器

12. 下列关于存储的叙述中,正确的是_____。

  A)CPU 能直接访问存储在内存中的数据,也能直接访问存储在外存中的数据

  B)CPU 不能直接访问存储在内存中的数据,能直接访问存储在外存中的数据

  C)CPU 只能直接访问存储在内存中的数据,不能直接访问存储在外存中的数据

  D)CPU 既不能直接访问存储在内存中的数据,也不能直接访问存储在外存中的数据

13. 通常所说的 I/O 设备是指_____。

  A)输入输出设备   B)通信设备   C)网络设备   D)控制设备

14. 下列各组设备中,全部属于输入设备的一组是_____。

  A)键盘、磁盘和打印机   B)键盘、扫描仪和鼠标

  C)键盘、鼠标和显示器   D)硬盘、打印机和键盘

15. 操作系统的功能是_____。

  A)将源程序编译成目标程序

  B)负责诊断计算机的故障

  C)控制和管理计算机系统的各种硬件和软件资源的使用

  D)负责外设与主机之间的信息交换

16. 将高级语言编写的程序翻译成机器语言程序,采用的两种翻译方法是_____。

  A)编译和解释   B)编译和汇编   C)编译和连接   D)解释和汇编

17. 下列选项中,不属于计算机病毒特征的是_____。

  A)破坏性   B)潜伏性   C)传染性   D)免疫性

18. 下列不属于网络拓扑结构形式的是_____。

  A)星型   B)环型   C)总线型   D)分支型

19. 调制解调器的功能是_____。

  A)将数字信号转换成模拟信号

  B)将模拟信号转换成数字信号

  C)将数字信号转换成其他信号

D)在数字信号与模拟信号之间进行转换

20. 下列关于使用 FTP 下载文件的说法中错误的是_____。

  A)FTP 即文件传输协议

  B)使用 FTP 协议在因特网上传输文件，这两台计算必须使用同样的操作系统

  C)可以使用专用的 FTP 客户端下载文件

  D)FTP 使用客户/服务器模式工作

1	2	3	4	5	6	7	8	9	10
11	12	13	14	15	16	17	18	19	20

第 41 套

1. 下列不属于第二代计算机特点的一项是_____。

  A)采用电子管作为逻辑元件

  B)运算速度为每秒几万~几十万条指令

  C)内存主要采用磁芯

  D)外存储器主要采用磁盘和磁带

2. 下列有关计算机的新技术的说法中，错误的是_____。

  A)嵌入式技术是将计算机作为一个信息处理部件，嵌入到应用系统中的一种技术，也就是说，它将软件固化集成到硬件系统中，将硬件系统与软件系统一体化

  B)网格计算利用互联网把分散在不同地理位置的电脑组织成一个"虚拟的超级计算机"

  C)网格计算技术能够提供资源共享，实现应用程序的互连互通，网格计算与计算机网络是一回事

  D)中间件是介于应用软件和操作系统之间的系统软件

3. 计算机辅助设计的简称是_____。

  A)CAT   B)CAM   C)CAI   D)CAD

4. 下列有关信息和数据的说法中，错误的是_____。

  A)数据是信息的载体

  B)数值、文字、语言、图形、图像等都是不同形式的数据

  C)数据处理之后产生的结果为信息，信息有意义，数据没有

  D)数据具有针对性、时效性

5. 十进制数 100 转换成二进制数是_____。

  A)01100100   B)01100101   C)01100110   D)01101000

6. 在下列各种编码中，每个字节最高位均是"1"的是_____。

    A）外码   B）汉字机内码   C）汉字国标码   D）ASCII 码

7. 一般计算机硬件系统的主要组成部件有五大部分，下列选项中不属于这五部分的是_____。

    A）输入设备和输出设备   B）软件

    C）运算器   D）控制器

8. 下列选项中不属于计算机的主要技术指标的是_____。

    A）字长   B）存储容量   C）重量   D）时钟主频

9. RAM 具有的特点是_____。

    A）海量存储

    B）存储在其中的信息可以永久保存

    C）一旦断电，存储在其上的信息将全部消失且无法恢复

    D）存储在其中的数据不能改写

10. 下面四种存储器中，属于数据易失性的存储器是_____。

    A）RAM   B）ROM   C）PROM   D）CD-ROM

11. 下列有关计算机结构的叙述中，错误的是_____。

    A）最早的计算机基本上采用直接连接的方式，冯·诺依曼研制的计算机 IAS，基本上就采用了直接连接的结构

    B）直接连接方式连接速度快，而且易于扩展

    C）数据总线的位数，通常与 CPU 的位数相对应

    D）现代计算机普遍采用总线结构

12. 下列有关总线和主板的叙述中，错误的是_____。

    A）外设可以直接挂在总线上

    B）总线体现在硬件上就是计算机主板

    C）主板上配有插 CPU、内存条、显示卡等的各类扩展槽或接口，而光盘驱动器和硬盘驱动器则通过扁缆与主板相连

    D）在电脑维修中，把 CPU、主板、内存、显卡加上电源所组成的系统叫最小化系统

13. 有关计算机软件，下列说法错误的是_____。

    A）操作系统的种类繁多，按照其功能和特性可分为批处理操作系统、分时操作系统和实时操作系统等；按照同时管理用户数的多少分为单用户操作系统和多用户操作系统

    B）操作系统提供了一个软件运行的环境，是最重要的系统软件

    C）Microsoft Office 软件是 Windows 环境下的办公软件，但它并不能用于其他操作系统环境

    D）操作系统的功能主要是管理，即管理计算机的所有软件资源，硬件资源不归操作系统管理

14. _____是一种符号化的机器语言。

A）C 语言   B）汇编语言   C）机器语言   D）计算机语言

15. 相对而言，下列类型的文件中，不易感染病毒的是_____。

A）＊.txt   B）＊.doc   C）＊.com   D）＊.exe

16. 计算机网络按地理范围可分为_____。

A）广域网、城域网和局域网   B）因特网、城域网和局域网

C）广域网、因特网和局域网   D）因特网、广域网和对等网

17. HTML 的正式名称是_____。

A）Internet 编程语言   B）超文本标记语言

C）主页制作语言   D）WWW 编程语言

18. 对于众多个人用户来说，接入因特网最经济、最简单、采用最多的方式是_____。

A）局域网连接   B）专线连接   C）电话拨号   D）无线连接

19. 在 Internet 中完成从域名到 IP 地址或者从 IP 到域名转换的是_____服务。

A）DNS   B）FTP   C）WWW   D）ADSL

20. 下列关于电子邮件的说法中错误的是_____。

A）发件人必须有自己的 E-mail 账户

B）必须知道收件人的 E-mail 地址

C）收件人必须有自己的邮政编码

D）可使用 Outlook Express 管理联系人信息

1	2	3	4	5	6	7	8	9	10
11	12	13	14	15	16	17	18	19	20

第 42 套

1. 计算机采用的主机电子器件的发展顺序是_____。

A）晶体管、电子管、中小规模集成电路、大规模和超大规模集成电路

B）电子管、晶体管、中小规模集成电路、大规模和超大规模集成电路

C）晶体管、电子管、集成电路、芯片

D）电子管、晶体管、集成电路、芯片

2. 专门为某种用途而设计的计算机，称为_____计算机。

A）专用   B）通用   C）特殊   D）模拟

3. CAM 的含义是_____。

A）计算机辅助设计   B）计算机辅助教学

C)计算机辅助制造　　　　　　　　　D)计算机辅助测试

4. 下列描述中不正确的是_____。

A)多媒体技术最主要的两个特点是集成性和交互性

B)所有计算机的字长都是固定不变的，都是 8 位

C)计算机的存储容量是计算机的性能指标之一

D)各种高级语言的编译系统都属于系统软件

5. 将十进制 257 转换成十六进制数是_____。

A)11　　　　　　　B)101　　　　　　　C)F1　　　　　　　D)FF

6. 下面不是汉字输入码的是_____。

A)五笔字形码　　　B)全拼编码　　　C)双拼编码　　　D)ASCII 码

7. 计算机系统由_____组成。

A)主机和显示器　　　　　　　　　B)微处理器和软件

C)硬件系统和应用软件　　　　　　D)硬件系统和软件系统

8. 计算机运算部件一次能同时处理的二进制数据的位数称为_____。

A)位　　　　　　　B)字节　　　　　　　C)字长　　　　　　D)波特

9. 下列关于硬盘的说法错误的是_____。

A)硬盘中的数据断电后不会丢失

B)每个计算机主机有且只能有一块硬盘

C)硬盘可以进行格式化处理

D)CPU 不能够直接访问硬盘中的数据

10. 半导体只读存储器（ROM）与半导体随机存取存储器（RAM）的主要区别在于_____。

A)ROM 可以永久保存信息，RAM 在断电后信息会丢失

B)ROM 断电后，信息会丢失，RAM 则不会

C)ROM 是内存储器，RAM 是外存储器

D)RAM 是内存储器，ROM 是外存储器

11. _____是系统部件之间传送信息的公共通道，各部件由总线连接并通过它传递数据和控制信号。

A)总线　　　　　　B)I/O 接口　　　　　C)电缆　　　　　　D)扁缆

12. 计算机系统采用总线结构对存储器和外设进行协调。总线主要由_____3 部分组成。

A)数据总线、地址总线和控制总线　　B)输入总线、输出总线和控制总线

C)外部总线、内部总线和中枢总线　　D)通信总线、接收总线和发送总线

13. 计算机软件系统包括_____。

A)系统软件和应用软件　　　　　　B)程序及其相关数据

C)数据库及其管理软件　　　　　　D)编译系统和应用软件

14. 计算机硬件能够直接识别和执行的语言是_____。

A)C 语言　　　　　　B)汇编语言　　　　　C)机器语言　　　　　D)符号语言

15. 计算机病毒破坏的主要对象是_____。

    A）优盘   B）磁盘驱动器   C）CPU   D）程序和数据

16. 下列有关计算机网络的说法错误的是_____。

    A）组成计算机网络的计算机设备是分布在不同地理位置的多台独立的"自治计算机"

    B）共享资源包括硬件资源和软件资源以及数据信息

    C）计算机网络提供资源共享的功能

    D）计算机网络中，每台计算机核心的基本部件，如 CPU、系统总线、网络接口等都要求存在，但不一定独立

17. 下列有关 Internet 的叙述中，错误的是_____。

    A）万维网就是因特网   B）因特网上提供了多种信息

    C）因特网是计算机网络的网络   D）因特网是国际计算机互联网

18. Internet 是覆盖全球的大型互联网络，用于链接多个远程网和局域网的互联设备主要是_____。

    A）路由器   B）主机   C）网桥   D）防火墙

19. 因特网上的服务都是基于某一种协议的，Web 服务是基于_____。

    A）SMTP 协议   B）SNMP 协议   C）HTTP 协议   D）TELNET 协议

20. IE 浏览器收藏夹的作用是_____。

    A）收集感兴趣的页面地址   B）记忆感兴趣的页面的内容

    C）收集感兴趣的文件内容   D）收集感兴趣的文件名

1	2	3	4	5	6	7	8	9	10
11	12	13	14	15	16	17	18	19	20

第 43 套

1. 世界上第一台电子计算机诞生于_____年。

    A）1952   B）1946   C）1939   D）1958

2. 计算机的发展趋势是_____、微型化、网络化和智能化。

    A）大型化   B）小型化   C）精巧化   D）巨型化

3. 核爆炸和地震灾害之类的仿真模拟，其应用领域是_____。

    A）计算机辅助   B）科学计算   C）数据处理   D）实时控制

4. 下列关于计算机的主要特性，叙述错误的有_____。

    A）处理速度快，计算精度高   B）存储容量大

C) 逻辑判断能力一般　　　　　　　　D) 网络和通信功能强

5. 二进制数 110000 转换成十六进制数是_____。

  A) 77　　　　　　B) D7　　　　　　C) 70　　　　　　D) 30

6. 在计算机内部对汉字进行存储、处理和传输的汉字编码是_____。

  A) 汉字信息交换码　　　　　　　　B) 汉字输入码

  C) 汉字内码　　　　　　　　　　　D) 汉字字形码

7. 奔腾(Pentium)是_____公司生产的一种 CPU 的型号。

  A) IBM　　　　　B) Microsoft　　　C) Intel　　　　　D) AMD

8. 下列不属于微型计算机的技术指标的一项是_____。

  A) 字节　　　　　B) 时钟主频　　　C) 运算速度　　　D) 存取周期

9. 微机中访问速度最快的存储器是_____。

  A) CD-ROM　　　B) 硬盘　　　　　C) U 盘　　　　　D) 内存

10. 在微型计算机技术中，通过系统_____把 CPU、存储器、输入设备和输出设备连接起来，实现信息交换。

  A) 总线　　　　　B) I/O 接口　　　C) 电缆　　　　　D) 通道

11. 计算机最主要的工作特点是_____。

  A) 有记忆能力　　　　　　　　　　B) 高精度与高速度

  C) 可靠性与可用性　　　　　　　　D) 存储程序与自动控制

12. Word 字处理软件属于_____。

  A) 管理软件　　　B) 网络软件　　　C) 应用软件　　　D) 系统软件

13. 在下列叙述中，正确的选项是_____。

  A) 用高级语言编写的程序称为源程序

  B) 计算机直接识别并执行的是汇编语言编写的程序

  C) 机器语言编写的程序需编译和链接后才能执行

  D) 机器语言编写的程序具有良好的可移植性

14. 以下关于流媒体技术的说法中，错误的是_____。

  A) 实现流媒体需要合适的缓存

  B) 媒体文件全部下载完成才可以播放

  C) 流媒体可用于在线直播等方面

  D) 流媒体格式包括 asf、rm、ra 等

15. 计算机病毒实质上是_____。

  A) 一些微生物　　B) 一类化学物质　C) 操作者的幻觉　D) 一段程序

16. 计算机网络最突出的优点是_____。

  A) 运算速度快　　B) 存储容量大　　C) 运算容量大　　D) 可以实现资源共享

17. 因特网属于_____。

  A) 万维网　　　　B) 广域网　　　　C) 城域网　　　　D) 局域网

18. 在一间办公室内要实现所有计算机联网，一般应选择_____网。

  A) GAN　　　　　B) MAN　　　　　C) LAN　　　　　D) WAN

19. 所有与 Internet 相连接的计算机必须遵守的一个共同协议是_____。

   A）http   B）IEEE 802.11   C）TCP/IP   D）IPX

20. 下列 URL 的表示方法中，正确的是_____。

   A）http：//www. microsoft. com/index. html

   B）http：\ www. microsoft. com/index. html

   C）http：//www. microsoft. com \ index. html

   D）http：www. microsoft. com/index. htmp

1	2	3	4	5	6	7	8	9	10
11	12	13	14	15	16	17	18	19	20

第 44 套

1. 下面四条常用术语的叙述中，有错误的是_____。

   A）光标是显示屏上指示位置的标志

   B）汇编语言是一种面向机器的低级程序设计语言，用汇编语言编写的程序计算机
   能直接执行

   C）总线是计算机系统中各部件之间传输信息的公共通路

   D）读写磁头是既能从磁表面存储器读出信息又能把信息写入磁表面存储器的装置

2. 下面设备中，既能向主机输入数据又能接收由主机输出数据的设置是_____。

   A）CD-ROM   B）显示器   C）软磁盘存储器   D）光笔

3. 执行二进制算术加运算盘 11001001+00100111 其运算结果是_____。

   A）11101111   B）11110000   C）00000001   D）10100010

4. 在十六进制数 CD 等值的十进制数是_____。

   A）204   B）205   C）206   D）203

5. 微型计算机硬件系统中最核心的部位是_____。

   A）主板   B）CPU   C）内存储器   D）I/O 设备

6. 微型计算机的主机包括_____。

   A）运算器和控制器   B）CPU 和内存储器

   C）CPU 和 UPS   D）UPS 和内存储器

7. 计算机能直接识别和执行的语言是_____。

   A）机器语言   B）高级语言   C）汇编语言   D）数据库语言

8. 微型计算机，控制器的基本功能是_____。

   A）进行计算运算和逻辑运算

B) 存储各种控制信息

C) 保持各种控制状态

D) 控制机器各个部件协调一致地工作

9. 与十进制数 254 等值的二进制数是_____。

A) 11111110   B) 11101111   C) 11111011   D) 11101110

10. 微型计算机存储系统中，PROM 是_____。

A) 可读写存储器   B) 动态随机存储器

C) 只读存储器   D) 可编程只读存储器

11. 执行二进制逻辑乘运算（即逻辑与运算）01011001 ∧ 10100111 其运算结果是_____。

A) 00000000   B) 1111111   C) 00000001   D) 1111110

12. 下列几种存储器，存取周期最短的是_____。

A) 内存储器   B) 光盘存储器   C) 硬盘存储器   D) 软盘存储器

13. 在微型计算机内存储器中不能用指令修改其存储内容的部分是_____。

A) RAM   B) DRAM   C) ROM   D) SRAM

14. 计算机病毒是指_____。

A) 编制有错误的计算机程序

B) 设计不完善的计算机程序

C) 已被破坏的计算机程序

D) 以危害系统为目的的特殊计算机程序

15. CPU 中有一个程序计数器（又称指令计数器），它用于存储_____。

A) 正在执行的指令的内容

B) 下一条要执行的指令的内容

C) 正在执行的指令的内存地址

D) 下一条要执行的指令的内存地址

16. 下列四个无符号十进制整数中，能用八个进制位表示的是_____。

A) 257   B) 201   C) 313   D) 296

17. 下列关于系统软件的四条叙述中，正确的一条是_____。

A) 系统软件与具体应用领域无关

B) 系统软件与具体硬件逻辑功能无关

C) 系统软件是在应用软件基础上开发的

D) 系统软件并不是具体提供人机界面

18. 下列术语中，属于显示器性能指标的是_____。

A) 速度   B) 可靠性   C) 分辨率   D) 精度

19. 下列字符中，其 ASCII 码值最大的是_____。

A) 9   B) D   C) a   D) y

20. 下列四条叙述中，正确的一条是_____。

A) 假若 CPU 向外输出 20 位地址，则它能直接访问的存储空间可达 1MB

B）CP 机在使用过程中突然断电，SRAM 中存储的信息不会丢失

C）PC 机在使用过程中突然断电，DRAM 中存储的信息不会丢失

D）外存储器中的信息可以直接被 CPU 处理

1	2	3	4	5	6	7	8	9	10
11	12	13	14	15	16	17	18	19	20

第 45 套

1. 世界上第一台电子计算机名叫_____。

    A）EDVAC   B）ENIAC   C）EDSAC   D）MARK-II

2. 个人计算机属于_____。

    A）小型计算机   B）巨型机算机   C）大型主机   D）微型计算机

3. 计算机辅助教育的英文缩写是_____。

    A）CAD   B）CAE   C）CAM   D）CAI

4. 在计算机术语中，bit 的中文含义是_____。

    A）位   B）字节   C）字   D）字长

5. 二进制数 00111101 转换成十进制数是_____。

    A）58   B）59   C）61   D）65

6. 微型计算机普遍采用的字符编码是_____。

    A）原码   B）补码   C）ASCII 码   D）汉字编码

7. 标准 ASCII 码字符集共有_____个编码。

    A）128   B）256   C）34   D）94

8. 微型计算机主机的主要组成部分有_____。

    A）运算器和控制器   B）CPU 和硬盘

    C）CPU 和显示器   D）CPU 和内存储器

9. 通常用 MIPS 为单位来衡量计算机的性能，它指的是计算机的_____。

    A）传输速率   B）存储容量   C）字长   D）运算速度

10. DRAM 存储器的中文含义是_____。

    A）静态随机存储器   B）动态随机存储器

    C）动态只读存储器   D）静态只读存储器

11. SRAM 存储器是_____。

    A）静态只读存储器   B）静态随机存储器

    C）动态只读存储器   D）动态随机存储器

12. 下列关于存储的叙述中，正确的是_____。

A)CPU 能直接访问存储在内存中的数据，也能直接访问存储在外存中的数据

B)CPU 不能直接访问存储在内存中的数据，能直接访问存储在外存中的数据

C)CPU 只能直接访问存储在内存中的数据，不能直接访问存储在外存中的数据

D)CPU 既不能直接访问存储在内存中的数据，也不能直接访问存储在外存中的数据

13. 通常所说的 I/O 设备是指_____。

A)输入输出设备　　B)通信设备　　　　C)网络设备　　　　D)控制设备

14. 下列各组设备中，全部属于输入设备的一组是_____。

A)键盘、磁盘和打印机　　　　　　　B)键盘、扫描仪和鼠标

C)键盘、鼠标和显示器　　　　　　　D)硬盘、打印机和键盘

15. 操作系统的功能是_____。

A)将源程序编译成目标程序

B)负责诊断计算机的故障

C)控制和管理计算机系统的各种硬件和软件资源的使用

D)负责外设与主机之间的信息交换

16. 将高级语言编写的程序翻译成机器语言程序，采用的两种翻译方法是_____。

A)编译和解释　　B)编译和汇编　　C)编译和连接　　D)解释和汇编

17. 下列选项中，不属于计算机病毒特征的是_____。

A)破坏性　　　　B)潜伏性　　　　C)传染性　　　　D)免疫性

18. 下列不属于网络拓扑结构形式的是_____。

A)星型　　　　　B)环型　　　　　C)总线型　　　　D)分支型

19. 调制解调器的功能是_____。

A)将数字信号转换成模拟信号

B)将模拟信号转换成数字信号

C)将数字信号转换成其他信号

D)在数字信号与模拟信号之间进行转换

20. 下列关于使用 FTP 下载文件的说法中错误的是_____。

A)FTP 即文件传输协议

B)使用 FTP 协议在因特网上传输文件，这两台计算必须使用同样的操作系统

C)可以使用专用的 FTP 客户端下载文件

D)FTP 使用客户/服务器模式工作

1	2	3	4	5	6	7	8	9	10

11	12	13	14	15	16	17	18	19	20

第 46 套

1. 下列不属于第二代计算机特点的一项是_____。

   A) 采用电子管作为逻辑元件

   B) 运算速度为每秒几万~几十万条指令

   C) 内存主要采用磁芯

   D) 外存储器主要采用磁盘和磁带

2. 下列有关计算机的新技术的说法中，错误的是_____。

   A) 嵌入式技术是将计算机作为一个信息处理部件，嵌入到应用系统中的一种技术，也就是说，它将软件固化集成到硬件系统中，将硬件系统与软件系统一体化

   B) 网格计算利用互联网把分散在不同地理位置的电脑组织成一个"虚拟的超级计算机"

   C) 网格计算技术能够提供资源共享，实现应用程序的互连互通，网格计算与计算机网络是一回事

   D) 中间件是介于应用软件和操作系统之间的系统软件

3. 计算机辅助设计的简称是_____。

   A) CAT   B) CAM   C) CAI   D) CAD

4. 下列有关信息和数据的说法中，错误的是_____。

   A) 数据是信息的载体

   B) 数值、文字、语言、图形、图像等都是不同形式的数据

   C) 数据处理之后产生的结果为信息，信息有意义，数据没有

   D) 数据具有针对性、时效性

5. 十进制数 100 转换成二进制数是_____。

   A) 01100100   B) 01100101   C) 01100110   D) 01101000

6. 在下列各种编码中，每个字节最高位均是"1"的是_____。

   A) 外码   B) 汉字机内码   C) 汉字国标码   D) ASCII 码

7. 一般计算机硬件系统的主要组成部件有五大部分，下列选项中不属于这五部分的是_____。

   A) 输入设备和输出设备   B) 软件

   C) 运算器   D) 控制器

8. 下列选项中不属于计算机的主要技术指标的是_____。

   A) 字长   B) 存储容量   C) 重量   D) 时钟主频

9. RAM 具有的特点是_____。

   A) 海量存储

   B) 存储在其中的信息可以永久保存

   C) 一旦断电，存储在其上的信息将全部消失且无法恢复

   D) 存储在其中的数据不能改写

10. 下面四种存储器中，属于数据易失性的存储器是_____。

    A）RAM   B）ROM   C）PROM   D）CD-ROM

11. 下列有关计算机结构的叙述中，错误的是_____。

    A）最早的计算机基本上采用直接连接的方式，冯·诺依曼研制的计算机 IAS，基本上就采用了直接连接的结构

    B）直接连接方式连接速度快，而且易于扩展

    C）数据总线的位数，通常与 CPU 的位数相对应

    D）现代计算机普遍采用总线结构

12. 下列有关总线和主板的叙述中，错误的是_____。

    A）外设可以直接挂在总线上

    B）总线体现在硬件上就是计算机主板

    C）主板上配有插 CPU、内存条、显示卡等的各类扩展槽或接口，而光盘驱动器和硬盘驱动器则通过扁缆与主板相连

    D）在电脑维修中，把 CPU、主板、内存、显卡加上电源所组成的系统叫最小化系统

13. 有关计算机软件，下列说法错误的是_____。

    A）操作系统的种类繁多，按照其功能和特性可分为批处理操作系统、分时操作系统和实时操作系统等；按照同时管理用户数的多少分为单用户操作系统和多用户操作系统

    B）操作系统提供了一个软件运行的环境，是最重要的系统软件

    C）Microsoft Office 软件是 Windows 环境下的办公软件，但它并不能用于其他操作系统环境

    D）操作系统的功能主要是管理，即管理计算机的所有软件资源，硬件资源不归操作系统管理

14. _____是一种符号化的机器语言。

    A）C 语言   B）汇编语言   C）机器语言   D）计算机语言

15. 相对而言，下列类型的文件中，不易感染病毒的是_____。

    A）*.txt   B）*.doc   C）*.com   D）*.exe

16. 计算机网络按地理范围可分为_____。

    A）广域网、城域网和局域网   B）因特网、城域网和局域网

    C）广域网、因特网和局域网   D）因特网、广域网和对等网

17. HTML 的正式名称是_____。

    A）Internet 编程语言   B）超文本标记语言

    C）主页制作语言   D）WWW 编程语言

18. 对于众多个人用户来说，接入因特网最经济、最简单、采用最多的方式是_____。

    A）局域网连接   B）专线连接   C）电话拨号   D）无线连接

19. 在 Internet 中完成从域名到 IP 地址或者从 IP 到域名转换的是_____服务。

A）DNS　　　　B）FTP　　　　C）WWW　　　　D）ADSL

20. 下列关于电子邮件的说法中错误的是_____。

A）发件人必须有自己的 E-mail 账户　　　B）必须知道收件人的 E-mail 地址

C）收件人必须有自己的邮政编码　　　D）可使用 Outlook Express 管理联系人信息

1	2	3	4	5	6	7	8	9	10

11	12	13	14	15	16	17	18	19	20

第 47 套

1. 计算机采用的主机电子器件的发展顺序是_____。

A）晶体管、电子管、中小规模集成电路、大规模和超大规模集成电路

B）电子管、晶体管、中小规模集成电路、大规模和超大规模集成电路

C）晶体管、电子管、集成电路、芯片

D）电子管、晶体管、集成电路、芯片

2. 专门为某种用途而设计的计算机，称为_____计算机。

A）专用　　　　B）通用　　　　C）特殊　　　　D）模拟

3. CAM 的含义是_____。

A）计算机辅助设计　　　　　　　B）计算机辅助教学

C）计算机辅助制造　　　　　　　D）计算机辅助测试

4. 下列描述中不正确的是_____。

A）多媒体技术最主要的两个特点是集成性和交互性

B）所有计算机的字长都是固定不变的，都是 8 位

C）计算机的存储容量是计算机的性能指标之一

D）各种高级语言的编译系统都属于系统软件

5. 将十进制 257 转换成十六进制数是_____。

A）11　　　　B）101　　　　C）F1　　　　D）FF

6. 下面不是汉字输入码的是_____。

A）五笔字形码　　B）全拼编码　　C）双拼编码　　D）ASCII 码

7. 计算机系统由_____组成。

A）主机和显示器　　　　　　　B）微处理器和软件

C）硬件系统和应用软件　　　　　D）硬件系统和软件系统

8. 计算机运算部件一次能同时处理的二进制数据的位数称为_____。

A）位　　　　B）字节　　　　C）字长　　　　D）波特

162

9. 下列关于硬盘的说法错误的是_____。

    A)硬盘中的数据断电后不会丢失

    B)每个计算机主机有且只能有一块硬盘

    C)硬盘可以进行格式化处理

    D)CPU 不能够直接访问硬盘中的数据

10. 半导体只读存储器（ROM）与半导体随机存取存储器（RAM）的主要区别在于_____。

    A)ROM 可以永久保存信息，RAM 在断电后信息会丢失

    B)ROM 断电后，信息会丢失，RAM 则不会

    C)ROM 是内存储器，RAM 是外存储器

    D)RAM 是内存储器，ROM 是外存储器

11. _____是系统部件之间传送信息的公共通道，各部件由总线连接并通过它传递数据和控制信号。

    A)总线   B)I/O 接口   C)电缆   D)扁缆

12. 计算机系统采用总线结构对存储器和外设进行协调。总线主要由_____ 3 部分组成。

    A)数据总线、地址总线和控制总线

    B)输入总线、输出总线和控制总线

    C)外部总线、内部总线和中枢总线

    D)通信总线、接收总线和发送总线

13. 计算机软件系统包括_____。

    A)系统软件和应用软件   B)程序及其相关数据

    C)数据库及其管理软件   D)编译系统和应用软件

14. 计算机硬件能够直接识别和执行的语言是_____。

    A)C 语言   B)汇编语言   C)机器语言   D)符号语言

15. 计算机病毒破坏的主要对象是_____。

    A)优盘   B)磁盘驱动器   C)CPU   D)程序和数据

16. 下列有关计算机网络的说法错误的是_____。

    A)组成计算机网络的计算机设备是分布在不同地理位置的多台独立的"自治计算机"

    B)共享资源包括硬件资源和软件资源以及数据信息

    C)计算机网络提供资源共享的功能

    D)计算机网络中，每台计算机核心的基本部件，如 CPU、系统总线、网络接口等都要求存在，但不一定独立

17. 下列有关 Internet 的叙述中，错误的是_____。

    A)万维网就是因特网   B)因特网上提供了多种信息

    C)因特网是计算机网络的网络   D)因特网是国际计算机互联网

18. Internet 是覆盖全球的大型互联网络，用于链接多个远程网和局域网的互联设备主

要是_____。

    A）路由器   B）主机   C）网桥   D）防火墙

19. 因特网上的服务都是基于某一种协议的，Web 服务是基于_____。

    A）SMTP 协议   B）SNMP 协议   C）HTTP 协议   D）TELNET 协议

20. IE 浏览器收藏夹的作用是_____。

    A）收集感兴趣的页面地址   B）记忆感兴趣的页面的内容

    C）收集感兴趣的文件内容   D）收集感兴趣的文件名

1	2	3	4	5	6	7	8	9	10
11	12	13	14	15	16	17	18	19	20

第 48 套

1. 世界上第一台电子计算机诞生于_____年。

    A）1952   B）1946   C）1939   D）1958

2. 计算机的发展趋势是_____、微型化、网络化和智能化。

    A）大型化   B）小型化   C）精巧化   D）巨型化

3. 核爆炸和地震灾害之类的仿真模拟，其应用领域是_____。

    A）计算机辅助   B）科学计算   C）数据处理   D）实时控制

4. 下列关于计算机的主要特性，叙述错误的有_____。

    A）处理速度快，计算精度高   B）存储容量大

    C）逻辑判断能力一般   D）网络和通信功能强

5. 二进制数 110000 转换成十六进制数是_____。

    A）77   B）D7   C）70   D）30

6. 在计算机内部对汉字进行存储、处理和传输的汉字编码是_____。

    A）汉字信息交换码   B）汉字输入码

    C）汉字内码   D）汉字字形码

7. 奔腾（Pentium）是_____公司生产的一种 CPU 的型号。

    A）IBM   B）Microsoft   C）Intel   D）AMD

8. 下列不属于微型计算机的技术指标的一项是_____。

    A）字节   B）时钟主频   C）运算速度   D）存取周期

9. 微机中访问速度最快的存储器是_____。

    A）CD-ROM   B）硬盘   C）U 盘   D）内存

10. 在微型计算机技术中，通过系统_____把 CPU、存储器、输入设备和输出设备

连接起来，实现信息交换。

A）总线 　　　　B）I/O 接口 　　　C）电缆 　　　　D）通道

11. 计算机最主要的工作特点是_____。

A）有记忆能力 　　　　　　　　B）高精度与高速度

C）可靠性与可用性 　　　　　　D）存储程序与自动控制

12. Word 字处理软件属于_____。

A）管理软件 　　B）网络软件 　　C）应用软件 　　D）系统软件

13. 在下列叙述中，正确的选项是_____。

A）用高级语言编写的程序称为源程序

B）计算机直接识别并执行的是汇编语言编写的程序

C）机器语言编写的程序需编译和链接后才能执行

D）机器语言编写的程序具有良好的可移植性

14. 以下关于流媒体技术的说法中，错误的是_____。

A）实现流媒体需要合适的缓存

B）媒体文件全部下载完成才可以播放

C）流媒体可用于在线直播等方面

D）流媒体格式包括 asf、rm、ra 等

15. 计算机病毒实质上是_____。

A）一些微生物 　　B）一类化学物质 　C）操作者的幻觉 　D）一段程序

16. 计算机网络最突出的优点是_____。

A）运算速度快 　　B）存储容量大 　　C）运算容量大 　　D）可以实现资源共享

17. 因特网属于_____。

A）万维网 　　　B）广域网 　　　C）城域网 　　　D）局域网

18. 在一间办公室内要实现所有计算机联网，一般应选择_____网。

A）GAN 　　　　B）MAN 　　　　C）LAN 　　　　D）WAN

19. 所有与 Internet 相连接的计算机必须遵守的一个共同协议是_____。

A）http 　　　　B）IEEE 802.11 　　C）TCP/IP 　　　D）IPX

20. 下列 URL 的表示方法中，正确的是_____。

A）http：//www.microsoft.com/index.html

B）http：\www.microsoft.com/index.html

C）http：//www.microsoft.com\index.html

D）http：www.microsoft.com/index.htmp

1	2	3	4	5	6	7	8	9	10
11	12	13	14	15	16	17	18	19	20

第 49 套

1. 下面四条常用术语的叙述中，有错误的是_____。

   A) 光标是显示屏上指示位置的标志

   B) 汇编语言是一种面向机器的低级程序设计语言，用汇编语言编写的程序计算机能直接执行

   C) 总线是计算机系统中各部件之间传输信息的公共通路

   D) 读写磁头是既能从磁表面存储器读出信息又能把信息写入磁表面存储器的装置

2. 下面设备中，既能向主机输入数据又能接收由主机输出数据的设置是_____。

   A) CD-ROM   B) 显示器   C) 软磁盘存储器   D) 光笔

3. 执行二进制算术加运算盘 11001001+00100111 其运算结果是_____。

   A) 11101111   B) 11110000   C) 00000001   D) 10100010

4. 在十六进制数 CD 等值的十进制数是_____。

   A) 204   B) 205   C) 206   D) 203

5. 微型计算机硬件系统中最核心的部位是_____。

   A) 主板   B) CPU   C) 内存储器   D) I/O 设备

6. 微型计算机的主机包括_____。

   A) 运算器和控制器   B) CPU 和内存储器

   C) CPU 和 UPS   D) UPS 和内存储器

7. 计算机能直接识别和执行的语言是_____。

   A) 机器语言   B) 高级语言   C) 汇编语言   D) 数据库语言

8. 微型计算机，控制器的基本功能是_____。

   A) 进行计算运算和逻辑运算   B) 存储各种控制信息

   C) 保持各种控制状态   D) 控制机器各个部件协调一致地工作

9. 与十进制数 254 等值的二进制数是_____。

   A) 11111110   B) 11101111   C) 11111011   D) 11101110

10. 微型计算机存储系统中，PROM 是_____。

    A) 可读写存储器   B) 动态随机存储器

    C) 只读存储器   D) 可编程只读存储器

11. 执行二进制逻辑乘运算（即逻辑与运算）01011001 ∧ 10100111 其运算结果是_____。

    A) 00000000   B) 1111111   C) 00000001   D) 1111110

12. 下列几种存储器，存取周期最短的是_____。

    A) 内存储器   B) 光盘存储器   C) 硬盘存储器   D) 软盘存储器

13. 在微型计算机内存储器中不能用指令修改其存储内容的部分是_____。

    A) RAM   B) DRAM   C) ROM   D) SRAM

14. 计算机病毒是指_____。

A) 编制有错误的计算机程序

B) 设计不完善的计算机程序

C) 已被破坏的计算机程序

D) 以危害系统为目的的特殊计算机程序

15. CPU 中有一个程序计数器（又称指令计数器），它用于存储_____。

A) 正在执行的指令的内容

B) 下一条要执行的指令的内容

C) 正在执行的指令的内存地址

D) 下一条要执行的指令的内存地址

16. 下列四个无符号十进制整数中，能用八个进制位表示的是_____。

A) 257   B) 201   C) 313   D) 296

17. 下列关于系统软件的四条叙述中，正确的一条是_____。

A) 系统软件与具体应用领域无关

B) 系统软件与具体硬件逻辑功能无关

C) 系统软件是在应用软件基础上开发的

D) 系统软件并不是具体提供人机界面

18. 下列术语中，属于显示器性能指标的是_____。

A) 速度   B) 可靠性   C) 分辨率   D) 精度

19. 下列字符中，其 ASCII 码值最大的是_____。

A) 9   B) D   C) a   D) y

20. 下列四条叙述中，正确的一条是_____。

A) 假若 CPU 向外输出 20 位地址，则它能直接访问的存储空间可达 1MB

B) CP 机在使用过程中突然断电，SRAM 中存储的信息不会丢失

C) PC 机在使用过程中突然断电，DRAM 中存储的信息不会丢失

D) 外存储器中的信息可以直接被 CPU 处理

1	2	3	4	5	6	7	8	9	10
11	12	13	14	15	16	17	18	19	20

第 50 套

1. 世界上第一台电子计算机名叫_____。

A) EDVAC   B) ENIAC   C) EDSAC   D) MARK-II

2. 个人计算机属于_____。

A) 小型计算机　　　B) 巨型机算机　　　C) 大型主机　　　D) 微型计算机

3. 计算机辅助教育的英文缩写是_____。

A) CAD　　　　　B) CAE　　　　　C) CAM　　　　　D) CAI

4. 在计算机术语中，bit 的中文含义是_____。

A) 位　　　　　B) 字节　　　　　C) 字　　　　　D) 字长

5. 二进制数 00111101 转换成十进制数是_____。

A) 58　　　　　B) 59　　　　　C) 61　　　　　D) 65

6. 微型计算机普遍采用的字符编码是_____。

A) 原码　　　　　B) 补码　　　　　C) ASCII 码　　　　　D) 汉字编码

7. 标准 ASCII 码字符集共有_____个编码。

A) 128　　　　　B) 256　　　　　C) 34　　　　　D) 94

8. 微型计算机主机的主要组成部分有_____。

A) 运算器和控制器　　　　　B) CPU 和硬盘

C) CPU 和显示器　　　　　D) CPU 和内存储器

9. 通常用 MIPS 为单位来衡量计算机的性能，它指的是计算机的_____。

A) 传输速率　　　B) 存储容量　　　C) 字长　　　D) 运算速度

10. DRAM 存储器的中文含义是_____。

A) 静态随机存储器　　　　　B) 动态随机存储器

C) 动态只读存储器　　　　　D) 静态只读存储器

11. SRAM 存储器是_____。

A) 静态只读存储器　　　　　B) 静态随机存储器

C) 动态只读存储器　　　　　D) 动态随机存储器

12. 下列关于存储的叙述中，正确的是_____。

A) CPU 能直接访问存储在内存中的数据，也能直接访问存储在外存中的数据

B) CPU 不能直接访问存储在内存中的数据，能直接访问存储在外存中的数据

C) CPU 只能直接访问存储在内存中的数据，不能直接访问存储在外存中的数据

D) CPU 既不能直接访问存储在内存中的数据，也不能直接访问存储在外存中的数据

13. 通常所说的 I/O 设备是指_____。

A) 输入输出设备　　B) 通信设备　　　C) 网络设备　　　D) 控制设备

14. 下列各组设备中，全部属于输入设备的一组是_____。

A) 键盘、磁盘和打印机　　　　　B) 键盘、扫描仪和鼠标

C) 键盘、鼠标和显示器　　　　　D) 硬盘、打印机和键盘

15. 操作系统的功能是_____。

A) 将源程序编译成目标程序

B) 负责诊断计算机的故障

C) 控制和管理计算机系统的各种硬件和软件资源的使用

D) 负责外设与主机之间的信息交换

16. 将高级语言编写的程序翻译成机器语言程序，采用的两种翻译方法是_____。

A) 编译和解释   B) 编译和汇编   C) 编译和连接   D) 解释和汇编

17. 下列选项中，不属于计算机病毒特征的是_____。

A) 破坏性   B) 潜伏性   C) 传染性   D) 免疫性

18. 下列不属于网络拓扑结构形式的是_____。

A) 星型   B) 环型   C) 总线型   D) 分支型

19. 调制解调器的功能是_____。

A) 将数字信号转换成模拟信号

B) 将模拟信号转换成数字信号

C) 将数字信号转换成其他信号

D) 在数字信号与模拟信号之间进行转换

20. 下列关于使用 FTP 下载文件的说法中错误的是_____。

A) FTP 即文件传输协议

B) 使用 FTP 协议在因特网上传输文件，这两台计算必须使用同样的操作系统

C) 可以使用专用的 FTP 客户端下载文件

D) FTP 使用客户/服务器模式工作

1	2	3	4	5	6	7	8	9	10
11	12	13	14	15	16	17	18	19	20

参考答案：

答案	1	2	3	4	5	6	7	8	9	10	11	12	13	14	15	16	17	18	19	20
第1套	B	D	D	A	C	C	A	D	D	B	B	C	A	B	C	A	D	D	D	B
第2套	B	A	C	B	B	D	D	C	B	A	A	A	A	C	D	C	A	A	C	A
第3套	B	D	A	C	D	C	C	A	D	A	D	C	A	B	D	D	D	C	C	A
第4套	B	C	B	B	B	B	A	D	A	D	C	A	D	D	B	A	C	D	A
第5套	B	D	D	A	C	C	A	D	D	B	B	C	A	B	C	A	D	D	D	B
第6套	A	C	D	D	A	B	B	C	C	A	B	A	D	B	A	A	B	C	D	C
第7套	B	A	C	B	B	D	D	C	B	A	A	A	A	C	D	C	A	A	C	A
第8套	B	D	A	C	D	C	C	A	D	A	D	C	A	B	D	D	D	C	C	A
第9套	B	C	B	B	B	B	A	D	A	D	C	A	C	D	D	B	A	C	D	A
第10套	B	D	D	A	C	C	A	D	D	B	B	C	A	B	C	A	D	D	D	B

续表

答案	1	2	3	4	5	6	7	8	9	10	11	12	13	14	15	16	17	18	19	20
第11套	A	C	D	D	A	B	B	C	C	A	B	A	D	B	A	A	B	C	D	C
第12套	B	A	C	B	B	D	D	C	B	A	A	A	A	C	D	C	A	A	C	A
第13套	B	D	A	C	D	C	C	A	D	A	D	C	A	B	D	D	D	C	C	A
第14套	B	C	B	B	B	B	A	D	A	D	C	A	C	D	D	B	A	C	D	A
第15套	B	D	D	A	C	C	A	D	D	B	B	C	A	B	C	A	D	D	D	B
第16套	A	C	D	D	A	B	B	C	C	A	B	A	D	B	A	A	B	C	D	C
第17套	B	A	C	B	B	D	D	C	B	A	A	A	A	C	D	C	A	A	C	A
第18套	B	D	A	C	D	C	C	A	D	A	D	C	A	B	D	D	D	C	C	A
第19套	B	C	B	B	B	B	A	D	A	D	C	A	C	D	D	B	A	C	D	A
第20套	B	D	D	A	C	C	A	D	D	B	B	C	A	B	C	A	D	D	D	B
第21套	A	C	D	D	A	B	B	C	C	A	B	A	D	B	A	A	B	C	D	C
第22套	B	A	C	B	B	D	D	C	B	A	A	A	A	C	D	C	A	A	C	A
第23套	B	D	A	C	D	C	C	A	D	A	D	C	A	B	D	D	D	C	C	A
第24套	B	C	B	B	B	B	A	D	A	D	C	A	C	D	D	B	A	C	D	A
第25套	B	D	D	A	C	C	A	D	D	B	B	C	A	B	C	A	D	D	D	B
第26套	A	C	D	D	A	B	B	C	C	A	B	A	D	B	A	A	B	C	A	C
第27套	B	A	C	B	B	D	D	C	B	A	A	A	A	C	D	D	A	A	C	A
第28套	B	D	A	C	D	C	C	A	D	A	D	C	A	B	D	D	B	C	C	A
第29套	B	C	B	B	B	B	A	D	A	D	C	A	C	D	D	B	A	C	D	A
第30套	B	D	D	A	C	C	A	D	D	B	B	C	A	B	C	A	D	D	D	B
第31套	A	C	D	D	A	B	B	C	C	A	B	A	D	B	A	A	B	C	A	C
第32套	B	A	C	B	B	D	D	C	B	A	A	A	A	C	D	D	A	A	C	A
第33套	B	D	A	C	D	C	C	A	D	A	D	C	A	B	D	D	B	C	C	A
第34套	B	C	B	B	B	B	A	D	A	D	C	A	C	D	D	B	A	C	D	A
第35套	B	D	D	A	C	C	A	D	D	B	B	C	A	B	C	A	D	D	D	B
第36套	A	C	D	D	A	B	B	C	C	A	B	A	D	B	A	A	B	C	A	C
第37套	B	A	C	B	B	D	D	C	B	A	A	A	A	C	D	D	A	A	C	A
第38套	B	D	A	C	D	C	C	A	D	A	D	C	A	B	D	D	B	C	C	A
第39套	B	C	B	B	B	B	A	D	A	D	C	A	C	D	D	B	A	C	D	A
第40套	B	D	D	A	C	C	A	D	D	B	B	C	A	B	C	A	D	D	D	B
第41套	A	C	D	D	A	B	B	C	C	A	B	A	D	B	A	A	B	C	A	C

续表

答案	1	2	3	4	5	6	7	8	9	10	11	12	13	14	15	16	17	18	19	20
第42套	B	A	C	B	B	D	D	C	B	A	A	A	A	C	D	D	A	A	C	A
第43套	B	D	A	C	D	C	C	A	D	A	D	C	A	B	D	D	B	C	C	A
第44套	B	C	B	B	B	B	A	D	A	D	C	A	C	D	D	B	A	C	D	A
第45套	B	D	D	A	C	C	A	D	D	B	B	C	A	B	C	A	D	D	D	B
第46套	A	C	D	D	A	B	B	C	C	A	B	A	D	B	A	A	B	C	A	C
第47套	B	A	C	B	B	D	D	C	B	A	A	A	A	C	D	D	A	A	C	A
第48套	B	D	A	C	D	C	C	A	D	A	D	C	A	B	D	B	D	C	C	A
第49套	B	C	B	B	B	B	A	D	A	D	C	A	C	D	D	B	A	C	D	A
第50套	B	D	D	A	C	C	A	D	D	B	B	C	A	B	C	A	D	D	D	B